Japan Mathematical Olympiad

数学オリンピックの表彰台に立て！

~予選100問＋オリジナル12問で突破~

数理哲人 著

技術評論社

「道」
この問いを解けばどうなるものか
危ぶむなかれ
危ぶめば解はなし
書き出せば
その一行が鍵となり
その一行が解となる

迷わず解けよ
解けば受かるさ

はじめに

　こんにちは．私は，覆面の貴講師／遊歴算家の数理哲人です．遊歴算家とは旅する数学者という意味で，旅をしながら各地で数学を教えています．旅のなかで教える相手は，小学生（算数）から中学生・高校生・大学受験生・社会人（教員）までさまざまで，数学の内容の方も，学校での日常学習から，受験指導のほか，数学オリンピックなどの競技数学で勝ちたいという人のために，スパーリングの相手を務めています．

　近年は，ＪＭＯ（日本数学オリンピック）の参加者が増えていることもあり，競技数学の指導を受けたいという方が増えてきました．東京に所在する私の教室でも，競技数学志願の小中学生が通ってくれていて，2023年のＩＭＯ（国際数学オリンピック）東京大会での代表を目指して，切磋琢磨しています．またここ数年は，福島高等学校のコアＳＳＨ事業（スーパーサイエンスハイスクール）に関わらせていただいています．ＳＳＨ指定校だけでなく地域に恩恵を拡散させるという趣旨に基づき，福島県全域から数学好きの高校生を集めて，ＪＭＯに向けての講義を行ってまいりました．福島県では10年以上にわたり，ＪＭＯ予選突破が出ていなかったのですが，ここ数年の努力が実り，2018年には３名の予選突破者を輩出することができました．

　私の教室からは，2012，2013，2016年の３回にわたり，ＩＭＯの日本代表として塾生が国際試合のステージで闘い，メダリストとして羽ばたいてくれました．代表内定から国際試合まで，およそ３ヶ月の間のスパーリングの日々は，教師冥利に尽きる楽しい時間でした．このように，私は指導者として，かなりの強運に恵まれています．普通に数学を教えているのでは，とうてい得難い経験を積ませていただいているので，これを何らかの形で社会に還元しなければならないという使命感を抱いています．

そこで，毎年1月に催されるJMO予選の突破を目標とした本書『数学オリンピックの表彰台に立て！』を執筆する機会をいただきました．本書では，日本がIMOに参加するようになった1990年から2014年までの四半世紀にわたるJMO予選の出題から100問を選定して，代数・組合せ論・幾何・数論の4分野に整理した練習問題集を組みました（第1章〜第4章）．これらの問題を通じて，レベルと出題傾向をつかみ，競技数学の世界に慣れ親しんで下さい．さらに，この100問で力を付けてくれた方のために，力試しとなるような12問セットを準備しました（第5章）．また，近い年度の過去問については「文献紹介」（172ページ）に記した公式ガイド（数学オリンピック財団編集のもので，年度版が刊行される）を使って学んでください．

　さらに本書は，私が参加する動画学習サイト《学びエイド》の映像講義と連動させています（173ページ参照）．活字だけでは理解が難しいという場合には，ビデオによる『演武』を見て，問題の倒し方を身につけていただく機会も活用して下さい．

　末筆となりますが，本書が出来上がるまでに，多くの先人および現代を生きる賢人の皆様の恩恵を授かっていることに，感謝を申し上げなければなりません．四半世紀以上にわたり日本の数学オリンピックを実施してこられた公益財団法人・数学オリンピック財団の関係者が作成してきた知的な問題群に，私たちの実践と著述は恩恵を受けています．また，福島県のコアSSHご担当の中澤春雄先生と，福島高校SSHご担当の松村茂郎先生には，2013年以来の毎年に著者らを福島数学トップセミナーに関わらせていただくことで，大きな経験値をいただいたこと，感謝を申し上げます．イラストレータの Rani F さんには，本書の挿絵を提供いただき，堅い数学書に彩りを添えていただきました．また，技術評論社にて数学書をご担当されている成田恭実様には，著者の経験を単行本として世に問う機会を与えていただいたこと，感謝を申し上げます．

平成30年11月
覆面の貴講師
数理哲人

数学オリンピックの表彰台に立て！
～予選100問＋オリジナル12問で突破～

はじめに ……………………………………………………… 3
TSTのしくみ ………………………………………………… 6
問題一覧 ……………………………………………………… 9
  Algebra（代数）25問 ………………………………… 10
  Combinatorics（組合せ論）25問 ……………………… 17
  Geometry（幾何）25問 ………………………………… 25
  Number Theory（数論）25問 ………………………… 33
  数理哲人からの12問 …………………………………… 40
コラム：未解決問題の在庫を抱えておく ………………… 44

第1章 Algebra（代数）解答・解説 ………………… 45

第2章 Combinatorics（組合せ論）解答・解説 …… 69
コラム：予選と本選 闘い方のちがい ………… 78,79,86
コラム：著名な定理の利用と結果主義について …… 96

第3章 Geometry（幾何）解答・解説 ………………… 97

第4章 Number Theory（数論）解答・解説 ……… 123
コラム：フェルマーの小定理・オイラーの定理
   …………………… 125,131,133,137,142,149
コラム：競技数学で固有に重視される分野項目 …… 150

第5章 数理哲人からの12問 解答・解説 …… 151
コラム：「すべて求めよ」という問いの意味 ……… 167

文献紹介 …………………………………………………… 172
ビデオ講義との連動について …………………………… 173
あとがきにかえて ………………………………………… 174

TSTのしくみ

　世界各国においてIMO（国際数学オリンピック）に派遣する代表選手を育成するしくみがあります．日本においては，公益財団法人数学オリンピック財団がその任にあたっておられます．各国の代表選手を選ぶ試験を，一般に"Team Selection Test"（略称ＴＳＴ）といいます．

　近年，日本の高校生の日本数学オリンピック大会への参加人数がうなぎ登りに増えています．表の数値は，数学オリンピック財団監修『数学オリンピック（年度版）』（日本評論社）から引用した，予選大会の応募者数を示しています．

	開催年	応募人数	（女子）
第19回	2009	1833	(266)
第20回	2010	1914	(249)
第21回	2011	2208	(313)
第22回	2012	2854	(461)
第23回	2013	3412	(577)
第24回	2014	3455	(579)
第25回	2015	3508	(567)
第26回	2016	3633	(598)
第27回	2017	4136	(782)
第28回	2018	4415	(834)

　増加の背景としては，数学オリンピックの活動が社会的に周知され，評価されてきたことが主であると思いますが，大学入試（ＡＯ入試，推薦入試）における評価項目として例示されていることも，参加者の増加に寄与しているのではないかと筆者はみています．たとえば，平成30年度東京大学推薦入試学生募集要項では，工学部の推薦要件に記載された「特色ある活動」の例として「顕著な成績をあげた数学・物理・化学・生物オリンピックなどでの活動」を挙げ，理学部の推薦要件に記載された「自然科学に強い関心をもち，自然科学の１つ若しくは複数の分野において，卓越した能力を有することを示す実績があること」の例として「科学オリンピック＜数学，物理，化学，生物学，地学，情報＞」を

挙げています．

　国際数学オリンピックは毎年7月に開催されますが，国際大会に派遣する代表選手（6名）のセレクションの仕組みは，次のようになっています．1月実施の予選大会（3時間12問，短答式）を突破できる「Aランク」評価は，2012年までは100名弱で2013年以降は175名～219名となっています．2月実施の本選大会（4時間5問，記述式）を突破できる「本選合格者」は例年20名で，ここにJJMO（中学生大会）の本選合格者数名を加えて，3月に春合宿を実施します．春合宿では，IMO大会と同じ設定の試験（4時間30分3問，記述式）を4日間（IMOは2日間）連続で行い，合宿期間中の総合評価により，代表選手6名を選びます．

　予選（短答式）と本選以降（記述式）とでは，同じ競技数学といっても闘い方は趣が異なります．結果のみを問われる場合には，手際のよい数値実験や，極端な場合の考察などにより，とにかく結論だけでも出すという（試験における）テクニックが通用する余地が，若干ながら存在します．一方，結論に至るプロセスまで問われる本選以降では，こうしたゴマカシの余地はなく，論理による本格的な試合運びが必要となります．このあたりについては「あとがきにかえて」（174ページ～）もご参照ください．

　予選問題と本選問題は，数学オリンピック財団のウェブサイトおよび日本評論社の書籍，その他の数学専門誌等にて公開されます．春合宿（選手選抜試験）問題は[注1]，2008年以降は公開されていないようです．春合宿になると，国際大会のレベルの未発表問題12問を準備しなければならないわけですが，これは選抜を実施する側には相当な負担となるだろうと推察します．これはどの国も事情が同じなので，各国のTSTの最終選考段階では，各国内で準備した問題に加えて，"Shortlisted Problems"（略称SLP）を使います．SLPというの

[注1] 2007年までの春合宿問題は，安藤哲也先生（千葉大学）のホームページに掲載がある．http://www.math.s.chiba-u.ac.jp/~ando/matholymp.html

は，毎年のＩＭＯ（国際数学オリンピック）大会に出題する6問をセレクトするために各国から集められた候補問題群のことを指しています．ＳＬＰから6問の"Contest Problems"を選び大会を実施しますが，その後ＳＬＰは1年間「公開禁止」となります．公開が禁止されている期間に，各国の選手養成の場で"Team Selection Test"問題としてＳＬＰを使う，という流れになっています．

日本の数学オリンピック財団では，ＩＭＯの他に，ＡＰＭＯ[注2]やＥＧＭＯ[注3]といった大会にも，代表選手を送り出しています．

数学オリンピックの出題分野について記します．高校生が参加できる国際大会で出題される分野は[注4]，代数（Algebra）・組合せ（Combinatorics）・幾何（Geometry）・数論（Number Theory）とされています．日本の高校生の学習内容と比較すると，少し偏りがあるように思われるかもしれません．これは，世界の国々から高校生が集まるため，各国の教育課程に照らして共通部分を取り出した結果でしょう．これら4つの分野の頭文字をとって，分野を示す通称名として A, C, G, N を用いています．結果的には，数学史の観点からみて「古典」の扱いとなる分野が中心になっていますが，実際の出題には，現代数学の知見もちらほらと反映されているように思われます．

本書では，上記の A, C, G, N の4つの出題分野に合わせて第1章～第4章に問題を配置しています．本書で学んだどなたかが，国際試合のメダリストとして表彰台に立って下さることを，強く祈念しています．

[注2] アジア太平洋数学オリンピック（Asian Pacific Mathematics Olympiad）．「参加国は3月の第2週のほぼ同時刻にそれぞれ自国でコンテストを実施し，採点も各国で行って上位10名までの成績を主催国に送付します．主催国は，各国から送られてきた参加選手の成績をとりまとめて国際ランクを決定し，5月末頃に参加各国へ結果を通知し賞状を送ります．」（http://www.imojp.org/whatis/whatisAPMO.html による）

[注3] ヨーロッパ女子数学オリンピック（European Girls' Mathematics Olympiad）

[注4] 『数学オリンピック2013～2017』（日本評論社）に数学オリンピックの出題分野の掲載がある．

問題一覧

Algebra（代数）25問 ……………………… 10
Combinatorics（組合せ論）25問 …………… 17
Geometry（幾何）25問 ……………………… 25
Number Theory（数論）25問 ………………… 33
数理哲人からの12問 ………………………… 40

問題一覧　Algebra（代数）25問

　第1章の25問は，JMO予選25年間（1990-2014）の中から，Algebra（代数）分野の問題をセレクトしたものです．難しすぎる問題は避けて，予選突破のために「これは倒しておきたい」という問題を選んでいます．JMO予選大会では12問で3時間（1問あたり15分）という時間制限がありますが，すべての問題を倒す人はいませんから，半分の6問を倒すとしても《1問あたり30分》の時間を使うことができます．時間制限を気にすることなく，ウンウン唸って，取り組んでみて下さい．

問題 A-1 （離散的関数方程式）

正の整数に対して定義された関数 f は次の性質をもっている．

$$f(n) = \begin{cases} n-3, & n \geq 1000 \\ f(f(n+7)), & n < 1000 \end{cases}$$

このとき，$f(90)$ を求めよ．

（ ☞ 解答・解説は46ページ ）

問題 A-2 （代数方程式）

方程式

$$x^{199} + 10x - 5 = 0$$

のすべての解（199個）の199乗の和を求めよ．

（ ☞ 解答・解説は47ページ ）

問題一覧　Algebra（代数）25問

問題 A−3　（代数曲線の弦）

座標平面上で方程式
$$y^2 = x^3 + 2691x - 8019$$
の定める曲線を E とする．この曲線上の 2 点 $(3, 9)$, $(4, 53)$ を結ぶ直線は，もうひとつの点で曲線 E と交わる．この点の x 座標を求めよ．

（☞ 解答・解説は48ページ）

問題 A−4　（分母の有理化）

$\dfrac{1}{1+\sqrt[5]{64}-\sqrt[5]{4}}$ を有理化したときの分母の最小値を求めよ．

ここで有理化とは，分母を正の整数で，分子を整数と整数の累乗根いくつかの和，差および積で表すことである．

（☞ 解答・解説は49ページ）

問題 A−5　（代数的数から方程式）

$a = \sqrt{2} + \sqrt{3}$ とするとき，$\sqrt{2}$ をできるだけ次数の低い a の有理数係数多項式で表せ．

（☞ 解答・解説は50ページ）

問題 A−6　（複素数解のべき乗）

方程式 $x^2 - 3x + 3 = 0$ の根を $x = \alpha$ とし，この α と正の整数 n，および実数 k が $\alpha^{1995} = k\alpha^n$ をみたしているとする．このような n の最小値とそのときの k の値を求めよ．

（☞ 解答・解説は51ページ）

問題一覧　Algebra（代数）25問

問題 A-7（3次方程式をつくる）

a が $x^3-x-1=0$ の解であるとき，a^2 を解とする整数係数の3次方程式をひとつ求めよ．

（☞ 解答・解説は52ページ）

問題 A-8（3重根）

$f(x)$ は5次多項式で，5次方程式 $f(x)+1=0$ は $x=-1$ を3重根にもち，$f(x)-1=0$ は $x=1$ を3重根にもつ．$f(x)$ を求めよ．

（☞ 解答・解説は53ページ）

問題 A-9（有理式の最大値）

x, y, z が正の実数を動くとき $\dfrac{x^3 y^2 z}{x^6+y^6+z^6}$ の最大値を求めよ．

（☞ 解答・解説は54ページ）

問題 A-10（整数を3桁ずつ区切る）

$1991 \leq n \leq 1999$ である自然数 n で，次の性質をみたすものすべてを求めよ．

「n の3乗 n^3 を一の位から左へ3桁ずつに区切ってできる数の和は n に等しい．」

（例）$n=1990$ としてみると，$1990^3 = 7{,}880{,}599{,}000$．よって，

和 $= 7+880+599+000 = 1486 \neq 1990$

で上の性質をみたさない．

（☞ 解答・解説は55ページ）

問題一覧　Algebra（代数）25問

問題 A−11 （$2n$ 次方程式）

n を自然数とする．有理数係数の $2n$ 次方程式
$$x^{2n} + a_1 x^{2n-1} + a_2 x^{2n-2} + \cdots + a_{2n-1} x + a_{2n} = 0$$
の解は，すべて
$$x^2 + 5x + 7 = 0$$
の解にもなっている．このとき係数 a_1 の値を求めよ．

（☞ 解答・解説は56ページ）

問題 A−12 （多項式の互除法）

2つの方程式
$$x^5 + 2x^4 - x^3 - 5x^2 - 10x + 5 = 0$$
$$x^6 + 4x^5 + 3x^4 - 6x^3 - 20x^2 - 15x + 5 = 0$$
をともにみたす実数 x をすべて求めよ．

（☞ 解答・解説は57ページ）

問題 A−13 （式の値の最小値）

正の実数 x, y に対して，次の式の値の最小値を求めよ．
$$x + y + \frac{2}{x+y} + \frac{1}{2xy}$$

（☞ 解答・解説は58ページ）

問題一覧　Algebra（代数）25問

問題 A−14（3変数の対称式）

3つの実数 x, y, z が
$$\begin{cases} x+y+z = 0 \\ x^3+y^3+z^3 = 3 \\ x^5+y^5+z^5 = 15 \end{cases}$$
をみたす．このとき，$x^2+y^2+z^2$ の値を求めよ．

（☞ 解答・解説は59ページ）

問題 A−15（最小値を最大にする）

n を正の整数とする．$a_1+a_2+\cdots+a_n=1$ をみたす正の数 $a_1, a_2, \cdots, a_n$ に対して，n 個の数 $\dfrac{a_1}{1+a_1}, \dfrac{a_2}{1+a_1+a_2}, \cdots, \dfrac{a_n}{1+a_1+a_2+\cdots+a_n}$ の最小値を A とおく．$a_1, a_2, \cdots, a_n$ が変化するときの A の最大値を求めよ．

（☞ 解答・解説は60ページ）

問題 A−16（式の値の最小値）

実数 a, b が $a+b=17$ をみたすとき，2^a+4^b の最小値を求めよ．

（☞ 解答・解説は61ページ）

問題 A−17（3元連立方程式）

次の連立方程式をみたす実数 x, y, z の組をすべて求めよ．
$$x^2-3y-z=-8, \quad y^2-5z-x=-12, \quad z^2-x-y=6$$

（☞ 解答・解説は61ページ）

問題一覧　Algebra（代数）25問

問題 A−18（十の位）

$11^{12^{13}}$ の十の位を求めよ．ただし，$11^{12^{13}}$ とは 11 の 12^{13} 乗のことであり，11^{12} の 13 乗のことではない．

（☞ 解答・解説は62ページ）

問題 A−19（条件をみたす数列）

2008 個の実数 $x_1, x_2, \cdots, x_{2008}$ があり，$|x_1| = 999$ であって，2 以上2008 以下の整数 n に対し $|x_n| = |x_{n-1} + 1|$ が成り立っている．このとき，$x_1 + x_2 + \cdots + x_{2008}$ としてありうる最小の値を求めよ．

（☞ 解答・解説は63ページ）

問題 A−20（対称性の活用）

実数 x_1, x_2, x_3, x_4, x_5 が次の 5 つの式をみたす．

$$\begin{cases} x_1 x_2 + x_1 x_3 + x_1 x_4 + x_1 x_5 = -1 \\ x_2 x_1 + x_2 x_3 + x_2 x_4 + x_2 x_5 = -1 \\ x_3 x_1 + x_3 x_2 + x_3 x_4 + x_3 x_5 = -1 \\ x_4 x_1 + x_4 x_2 + x_4 x_3 + x_4 x_5 = -1 \\ x_5 x_1 + x_5 x_2 + x_5 x_3 + x_5 x_4 = -1 \end{cases}$$

このとき，x_1 としてありうる値をすべて求めよ．

（☞ 解答・解説は64ページ）

問題 A−21（10進法表記）

0 以上10000 以下の整数の中で，10 進法で表記したときに 1 が現れないようなものすべての平均を求めよ．

（☞ 解答・解説は65ページ）

問題一覧 Algebra（代数）25問

問題 A-22 （一の位と十の位）

2011以下の正の整数のうち，一の位が3または7であるものすべての積を X とする．X の十の位を求めよ．

（ ☞ 解答・解説は66ページ ）

問題 A-23 （約数すべての積）

正の整数であって，正の約数すべての積が 24^{240} となるようなものをすべて求めよ．

（ ☞ 解答・解説は67ページ ）

問題 A-24 （多項式の係数）

多項式 $(x+1)^3(x+2)^3(x+3)^3$ における x^k の係数を a_k とおく．このとき $a_2 + a_4 + a_6 + a_8$ の値を求めよ．

（ ☞ 解答・解説は68ページ ）

問題 A-25 （手を動かしてみる）

$10!$ の正の約数 d すべてについて $\dfrac{1}{d+\sqrt{10!}}$ を足し合わせたものを計算せよ．

（ ☞ 解答・解説は68ページ ）

問題一覧　Combinatorics（組合せ論）25問

　第2章の25問は，JMO予選25年間の中から，Combinatorics（組合せ論）分野の問題をセレクトしたものです．難しすぎる問題は避けて，予選突破のために「これは倒しておきたい」という問題を選んでいます．この分野は，学校で学ぶ数学の「場合の数・確率」および「集合」の分野に該当します．アタマを柔らかくして，立ち向かってください！

問題 C–1　（ともえ戦の確率）

　大相撲で同じ勝ち星の力士がA，B，Cの3人いたので，優勝決定戦のともえ戦を行うことになった．まずAとBとが対戦し，次には勝った方とCとが対戦する．同じ力士が2番続けて勝てば優勝となるが，もし1つ前に勝った力士が負ければ，そのときの勝者と1つ前に負けた力士とが対戦し，これを繰り返す．

　ただし合計7戦してまだ優勝者が決まらないときには，そこで打ち切り優勝者なしとする．A，B，Cの3人とも実力が同じで，どの対戦でも一方が勝つ確率は $\frac{1}{2}$ ずつとするとき，第1回目に負けた力士が優勝する確率を求めよ．

（☞ 解答・解説は70ページ）

問題 C–2　（立方体の辺の中点を通る平面）

　立方体の少なくとも3辺の中点を通る平面は何個あるか．

（☞ 解答・解説は71ページ）

問題一覧　Combinatorics（組合せ論）25問

問題 C-3 （点と線分の色分け）

座標平面上の格子点の集合 A, B を次のように定める．
$$A = \{(x, y) \mid x, y \text{ は正の整数で } 1 \leq x \leq 20, 1 \leq y \leq 20\}$$
$$B = \{(x, y) \mid x, y \text{ は正の整数で } 2 \leq x \leq 19, 2 \leq y \leq 19\}$$

A の点は赤，青のどちらかで塗られている．赤い点は 219 個で，そのうち 180 個は B に含まれる．また，四隅の点 $(1, 1), (1, 20), (20, 1), (20, 20)$ はすべて青とする．ここで水平または垂直方向に隣り合う 2 点を次のように赤，青，黒の線分で結ぶ：

2 点とも赤のときは赤の線分，2 点とも青のときは青の線分，

2 点が赤と青のときは黒の線分．

（長さ 1 の）黒い線分が 237 個あるとき，（長さ 1 の）青い線分の個数を求めよ．

（☞ 解答・解説は72ページ）

問題 C-4 （連続対戦での勝敗パターン）

一方が 3 ゲーム勝越したとき優勝者が決まるというルールで，A, B の 2 人が競技を行った．ちょうど 9 ゲーム目で A が 6 勝 3 敗となり，3 ゲーム勝越して優勝した．このとき考えられる 9 ゲームの勝敗パターンは何通りあるか．

（☞ 解答・解説は73ページ）

問題 C-5 （円順列の数）

赤い椅子 5 個と白い椅子 5 個を円状に並べる並べ方は何通りあるか．ただし，同色の椅子は区別せず，回転して同じ順序になる配置は同じ並べ方とみなす．

（☞ 解答・解説は74ページ）

問題一覧　Combinatorics（組合せ論）25問

問題 C-6 （着席方法の数）

4組の夫婦が映画を見に行く．横1列にこの8人が座るときの並び方は何通りあるか．ただし，女性の隣にはその人の夫かあるいは女性だけが座ることができるものとする．

（☞ 解答・解説は75ページ）

問題 C-7 （碁石の配列の数）

白石5個と黒石10個を横一列に並べる．どの白石の右隣にも必ず黒石が並んでいるような並べ方は全部で何通りあるか．

（☞ 解答・解説は76ページ）

問題 C-8 （線分の端点の個数）

平面上に異なる30本の線分を描くとき，これらの線分の端点として得られる点の中で，異なる点は最小限何個できるか．

（☞ 解答・解説は76ページ）

問題 C-9 （最高位の数字）

$a_n = 1998 \times 2^{n-1}$（ n は整数で $1 \leq n \leq 100$ ）とする． $a_1, \cdots, a_{100}$ のうちで，十進法で表すとき最高位の数字が1であるものは何個あるか．

（☞ 解答・解説は77ページ）

問題 C-10 （両替のパターンの数）

10円玉，50円玉，100円玉がそれぞれ十分多くある．これらのうちから何個か（0個のものがあってもよい）取り出して，その合計金額を1000円とする方法が何通りあるか．

（☞ 解答・解説は78ページ）

問題一覧　Combinatorics（組合せ論）25問

問題 C–11 （整数の組の個数）

2以上の自然数 n に対して，
$$0 \leq x < x+y < y+z \leq n$$
をみたす整数の組 (x, y, z) の総数を求めよ．

（☞ 解答・解説は79ページ）

問題 C–12 （マス目の埋め方）

4×4のマス目をつくり，1から4までの数字をそれぞれ4つずつ書きこむ．ただし，以下の3つの条件をみたすとする． 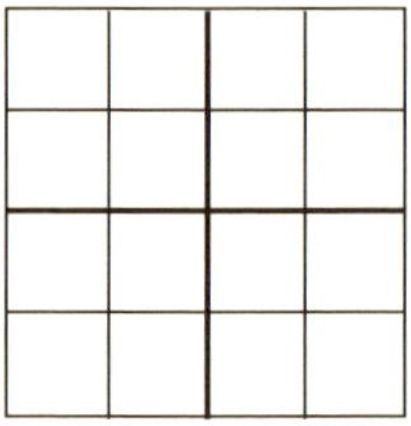
 1．各行には 1, 2, 3, 4 が1回ずつあらわれる．
 2．各列には 1, 2, 3, 4 が1回ずつあらわれる．
 3．全体を図のように太線で4つの部分に分けたとき，各部分に 1, 2, 3, 4 が1回ずつあらわれる．
このような数字の書きこみ方は何通りあるか．

（☞ 解答・解説は80ページ）

問題 C–13 （選択の個数）

1以上14以下の整数から，相異なる2つの数を選ぶとき，その差の絶対値が3以下であるような2つの数の組は何組あるか．ただし，2つの数のどちらを先に選んでも同じ組と考える．

（☞ 解答・解説は81ページ）

問題一覧　Combinatorics（組合せ論）25問

問題 C-14 （円順列）

　赤，青，黄の3色のいすが3脚ずつある．この9脚の椅子を円卓の周りに等間隔に配置する方法は何通りあるか．

　ただし，ある配置を単に回転した並べ方は別の配置として数えはせず，もとの配置と同一であると考える．しかし，ある配置を反時計回りにたどったときの椅子の並びが，別の配置を時計回りにたどったときの並びに一致しても，それらは2つの別々な配置として数える．

（☞ 解答・解説は82ページ）

問題 C-15 （硬貨の確率）

　机の上にある何枚かの硬貨を同時に投げ，裏が出た硬貨だけをみな机の上から取り除くという操作を考える．机の上に3枚の硬貨がある状態から始めて，硬貨がすべて取り除かれるまで，この操作を繰り返す．操作が4回以上行われる確率を求めよ．

（☞ 解答・解説は83ページ）

問題 C-16 （席が埋まる順）

　7つの席に区切られた長椅子に，7人の人が1人ずつ来て座る．ただし，他人と隣りあわない席が残っているうちは，どの人も他人の隣には座らない．席が埋まってゆく順は何通りあるか．

（☞ 解答・解説は84ページ）

問題一覧　Combinatorics（組合せ論）25問

問題 C-17 （塗り分けの数）

3×3 のマス目があり，各マスを赤または青で塗りつぶす．赤いマスのみからなる 2×2 の正方形も，青いマスのみからなる 2×2 の正方形もできないような塗り方は何通りあるか．

ただし，回転や裏返しにより重なりあう塗り方も異なるものとして数える．

（ ☞ 解答・解説は85ページ ）

問題 C-18 （平面の分割）

平面上に 3 つの長方形があり，どの 2 つの長方形も互いに平行な辺をもつ．これらの長方形によって，平面は最大でいくつの部分に分割されるか．

ただし，どの長方形にも含まれない部分も 1 つと数える．たとえば長方形が 1 つあるときは，平面は 2 つの部分に分割される．

（ ☞ 解答・解説は87ページ ）

問題 C-19 （条件をみたす順列）

2, 3, 4, 5, 6 の数が書かれたカードが 1 枚ずつ，合計 5 枚ある．これらのカードを無作為に横一列に並べたとき，どの $i=1, 2, 3, 4, 5$ に対しても左から i 番目のカードに書かれた数が i 以上となる確率を求めよ．

（ ☞ 解答・解説は89ページ ）

問題 C-20 （3色の配列）

赤い玉 6 個，青い玉 3 個，黄色い玉 3 個を一列に並べる．隣りあうどの 2 つの玉も異なる色であるような並べ方は何通りあるか．ただし，同じ色の玉は区別しないものとする．

（ ☞ 解答・解説は90ページ ）

問題一覧　Combinatorics（組合せ論）25問

問題 C-21 （架橋の方法）

赤色の島，青色の島，黄色の島がそれぞれちょうど 3 つずつある．これらの島に次の 2 条件をみたすようにいくつかの橋をかける．

- どの 2 つの島も，1 本の橋で結ばれているか結ばれていないかのいずれかであって，橋の両端は相異なる 2 つの島につながっている．
- 同色の 2 つの島を選ぶと，その 2 つの島は橋で直接結ばれておらず，その 2 つの島の両方と直接結ばれている島も存在しない．

橋のかけ方は何通りあるか．ただし，1 本も橋をかけない場合も 1 通りと数える．

（☞ 解答・解説は91ページ）

問題 C-22 （条件を満たす整数の配置）

3×3 のマス目があり，1 以上 9 以下の整数がそれぞれ 1 回ずつ現れるように各マスに 1 つずつ書かれている．各列に対し，そこに書かれた 3 つの数のうち 2 番目に大きな数にそれぞれ印をつけると，印のついた 3 つの数のうち 2 番目に大きな数が 5 になった．このとき，9 個の整数の配置として考えられるものは何通りあるか．

（☞ 解答・解説は92ページ）

問題 C-23 （マス目の塗り方）

2×100 のマス目があり，各マスを赤または青で塗りつぶす．以下の 2 つの条件をともにみたすような塗り方は何通りあるか．ただし，回転や裏返しにより重なりあう塗り方も異なるものとして数える．

- 赤く塗られたマスも青く塗られたマスもそれぞれ 1 つ以上存在する．
- 赤く塗られたマス全体は 1 つに繋がっており，青く塗られたマス全体も 1 つに繋がっている．ここで，異なる 2 つのマスは辺を共有するときに繋がっていると考える．

（☞ 解答・解説は93ページ）

問題一覧　Combinatorics（組合せ論）25問

問題 C−24 （マス目の数列）

縦 20 マス，横 13 マスの長方形のマス目が 2 つある．それぞれのマス目の各マスに，以下のように 1, 2, ⋯, 260 の整数を書く：

- 一方のマス目には，最も上の行に左から右へ 1, 2, ⋯, 13，上から 2 番目の行に左から右へ 14, 15, ⋯, 26，最も下の行に左から右へ 248, 249, ⋯, 260 と書く．
- もう一方のマス目には，最も右の列に上から下へ 1, 2, ⋯, 20，右から 2 番目の列に上から下へ 21, 22, ⋯, 40，最も左の列に上から下へ 241, 242, ⋯, 260 と書く．

どちらのマス目でも同じ位置のマスに書かれるような整数をすべて求めよ．

（☞ 解答・解説は94ページ）

問題 C−25 （二項係数の積の和）

$a+b+c=5$ をみたす非負整数の組 (a,b,c) すべてについて

$$_{17}C_a \cdot {}_{17}C_b \cdot {}_{17}C_c$$

を足し合わせたものを計算せよ．ただし，解答は演算子を用いず数値で答えること．

（☞ 解答・解説は95ページ）

問題一覧　Geometry（幾何）25問

　第3章の25問は，JMO予選25年間の中から，Geometry（幾何）分野の問題をセレクトしたものです．難しすぎる問題は避けて，予選突破のために「これは倒しておきたい」という問題を選んでいます．幾何の学習内容は，初等幾何（論理性を中軸におく数学史の初期に発達した幾何学）と解析幾何（座標やベクトルを利用する中世以降に発達した幾何学）があり，ＪＭＯはどちらも出題されるものの，前者の比率が高くなっています．発想豊かに，チャレンジしてみましょう．

問題G-1　（面積の計量）

　面積が 740 の平行四辺形 ABCD がある．辺 AB, BC, CD, DA を 5:2 に内分する点をそれぞれ P, Q, R, S とする．直線 AQ と直線 BR の交点を W，直線 BR と直線 CS の交点を X，直線 CS と直線 DP の交点を Y，直線 DP と直線 AQ の交点を Z とする．四角形 WXYZ の面積を求めよ．

（☞ 解答・解説は98ページ）

問題G-2　（三角形の重心・面積）

　三角形 ABC の重心を G とする．$GA = 2\sqrt{3}$, $GB = 2\sqrt{2}$, $GC = 2$ のとき三角形 ABC の面積を求めよ．

（☞ 解答・解説は99ページ）

問題一覧　Geometry（幾何）25問

問題G-3 （内分比と面積比）

正三角形 ABC において，辺 BC, CA, AB を $3:(n-3)$ に内分する点をそれぞれ D, E, F とする（ただし，$n>6$）．線分 AD, BE, CF の交点のつくる三角形の面積が，もとの正三角形の面積の $\dfrac{4}{49}$ のとき，n を求めよ．

（☞ 解答・解説は100ページ）

問題G-4 （長さの和を最小に）

一辺の長さが1の正方形 ABCD 内の任意の点を P, Q とするとき，
$$AP + BP + PQ + CQ + DQ$$
の最小値を求めよ．

（☞ 解答・解説は101ページ）

問題G-5 （面のなす角）

図のような立方体 ABCD－EFGH について面 AFH と面 BDE の交わる角度を θ $(0°\leq\theta\leq 90°)$ とするとき $\cos\theta$ を求めよ．

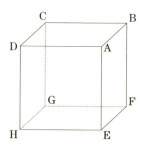

（☞ 解答・解説は102ページ）

問題一覧　Geometry（幾何）25問

問題G-6　（角の計量）

鋭角三角形 ABC の外接円の中心を O とし，線分 OA, BC の中点をそれぞれ M, N とする．∠B = 4∠OMN，∠C = 6∠OMN とするとき ∠OMN を求めよ．

（☞ 解答・解説は103ページ）

問題G-7　（四面体の内接球）

xyz- 空間内の 4 点 $(0, 0, 0), (1, 0, 0), (0, 1, 0), (0, 0, 1)$ を頂点とする四面体に内接する球の半径を求めよ．

（☞ 解答・解説は104ページ）

問題G-8　（正射影）

xyz- 空間のある平面上に多角形がある．この多角形を xy- 平面に正射影したものの面積が 13，yz- 平面に正射影したものの面積が 6，zx- 平面に正射影したものの面積が 18 のとき，この多角形の面積を求めよ．

（☞ 解答・解説は105ページ）

問題G-9　（条件をみたす点の存在範囲）

xy- 平面上の 4 点 A:$(3, 0)$, B:$(3, 2)$, C:$(0, 2)$, D:$(0, 0)$ を頂点とする長方形 ABCD を考える．uv- 平面上の点 (u, v) で，長方形 ABCD 内（周を含む）の任意の点 (x, y) に対し，

$$0 \leq ux + vy \leq 1$$

をみたす (u, v) 全体の集合を S とする．S の面積を求めよ．

（☞ 解答・解説は106ページ）

問題一覧　Geometry（幾何）25問

問題 G-10 （正二十面体の対角線）

1辺の長さ1の正二十面体の最も長い対角線の長さを求めよ．

（☞ 解答・解説は107ページ）

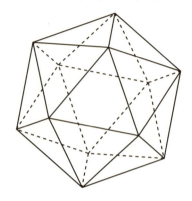

問題 G-11 （八面体の体積）

図のような1辺の長さ1の立方体 ABCD-EFGH があり，辺 CD の中点を K，辺 DH の中点を L，辺 EF の中点を M，辺 FB の中点を N とする．

八面体 A-KLMN-G の体積を求めよ．

（☞ 解答・解説は108ページ）

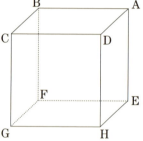

問題 G-12 （パッキング）

縦の長さが8，横の長さが7の長方形の中に，5つの合同な正方形が図のように詰めこまれている．

正方形の1辺の長さを求めよ．

（☞ 解答・解説は109ページ）

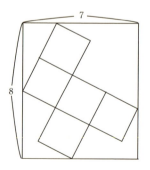

問題一覧　Geometry（幾何）25問

問題 G—13 （正八面体の体積）

1辺の長さが 1 の正八面体の体積は，1辺の長さが 1 の正四面体の体積の何倍か．

（☞ 解答・解説は110ページ）

問題 G—14 （長さの比）

平行四辺形 ABCD において，∠BAC の二等分線と線分 BC との交点を E としたとき，BE + BC = BD が成立するという．このとき，$\dfrac{BD}{BC}$ の値を求めよ．

（☞ 解答・解説は111ページ）

問題 G—15 （領域の面積）

平面上に三角形 ABC があり，AB = 16, BC = $5\sqrt{5}$, CA = 9 である．三角形 ABC の外部で，点 B と点 C の少なくとも一方からの距離は 6 以下であるような部分の面積を求めよ．

（☞ 解答・解説は112ページ）

問題 G—16 （角を最大にする）

OA = 2, OP = a, ∠AOP = 90° なる直角三角形 AOP の辺 OA の中点を点 B とする．このとき ∠APB を最大にするような a の値を求めよ．

（☞ 解答・解説は113ページ）

問題一覧　Geometry（幾何）25問

問題 G-17 (正三角形)

正三角形の内部に点 P があり，P から各辺に下ろした垂線の長さはそれぞれ 1, 2, 3 であるとする．この正三角形の一辺の長さを求めよ．

(☞ 解答・解説は114ページ)

問題 G-18 (長さの積の最小値)

平面上に長さ 7 の線分 AB があり，点 P と直線 AB との距離は 3 である．AP×BP のとりうる最小の値を求めよ．

(☞ 解答・解説は115ページ)

問題 G-19 (直角三角形の面積)

1 辺の長さが 1 の正方形 ABCD がある．AD を直径とする円を O とし，辺 AB 上の点 E を，直線 CE が O の接線となるようにとる．このとき，三角形 CBE の面積を求めよ．

(☞ 解答・解説は116ページ)

問題 G-20 (四面体の体積)

四面体 OABC は OA = 3, OB = 4, OC = 5 および ∠AOB = ∠AOC = 45°, ∠BOC = 60° をみたす．このとき四面体 OABC の体積を求めよ．

(☞ 解答・解説は117ページ)

問題一覧　Geometry（幾何）25問

問題 G-21 （三角形の面積）

三角形 ABC の内部に点 P がある．$AP = \sqrt{3}$, $BP = 5$, $CP = 2$, $AB:AC = 2:1$, $\angle BAC = 60°$ であるとき，三角形 ABC の面積を求めよ．

（☞ 解答・解説は118ページ）

問題 G-22 （直角三角形の計量）

$\angle ABC = 90°$ である三角形 ABC の辺 BC, CA, AB 上に点 P, Q, R があり，$AQ:QC = 2:1$, $AR = AQ$, $QP = QR$, $\angle PQR = 90°$ が成立している．$CP = 1$ のとき AR を求めよ．

（☞ 解答・解説は119ページ）

問題 G-23 （外心を通る割線）

三角形 ABC の外心を O とする．線分 AB 上に点 D，線分 AC 上に点 E をとると，線分 DE の中点が O と一致した．$AD = 8$, $BD = 3$, $AO = 7$ のとき，CE を求めよ．

（☞ 解答・解説は120ページ）

問題一覧　Geometry（幾何）25問

問題 G-24　(交わる 2 つの円)

相異なる 2 点 P, Q で交わる 2 円 O_1, O_2 がある．点 P における円 O_1 の接線が，P とは異なる点 R で円 O_2 と交わっている．また，点 Q における円 O_2 の接線が，Q とは異なる点 S で円 O_1 と交わっている．

さらに，直線 PR と直線 QS が点 X で交わっている．XR = 9, XS = 2 のとき，円 O_1 の半径は円 O_2 の半径の何倍であるか．

（☞ 解答・解説は121ページ）

問題 G-25　(円周上の六角形)

円周上に 6 点 A, B, C, D, E, F がこの順にあり，線分 AD, BE, CF は 1 点で交わっている．AB = 1, BC = 2, CD = 3, DE = 4, EF = 5 のとき，線分 FA の長さを求めよ．

（☞ 解答・解説は122ページ）

問題一覧　Number Theory（数論）25問

　第4章の25問は，JMO予選25年間の中から，Number Theory（数論）分野の問題をセレクトしたものです．難しすぎる問題は避けて，予選突破のために「これは倒しておきたい」という問題を選んでいます．主として整数についての議論が行われます．最初から美しく倒す（解く）ことができなくても，実験を重ねて発見に至るようなねばりを期待しています．

問題 N−1　（平方数の下3桁）

　ある正の整数を2乗すると，下3桁が0でない同じ数字になる．そのような性質をもつ最小の正の整数を求めよ．

（☞ 解答・解説は124ページ）

問題 N−2　（桁の数字の和）

　$A = 999\cdots 99$（81桁すべて9）とする．A^2 の各桁の数字の和を求めよ．

（☞ 解答・解説は125ページ）

問題 N−3　（逆数の総和）

　A を次の条件 1), 2) をみたす正の整数の集合とする．
1)　2, 3, 5, 7, 11, 13 以外の素因数を持たない
2)　$2^2, 3^2, 5^2, 7^2, 11^2, 13^2$ のいずれでも割り切れない

ただし，$1 \in A$ とする．A の要素 n の逆数 $\dfrac{1}{n}$ の総和

$$1 + \frac{1}{2} + \frac{1}{3} + \frac{1}{5} + \cdots\cdots + \frac{1}{2\cdot 3\cdot 5\cdot 7\cdot 11\cdot 13}$$

を求めよ．

（☞ 解答・解説は126ページ）

問題一覧　Number Theory（数論）25問

問題 N−4 （剰余と周期性）

n^2 を 120 で割ると 1 余るような，120 以下の正の整数 n はいくつあるか．

（☞ 解答・解説は127ページ）

問題 N−5 （格子点と直線の距離）

座標平面上の点 (x, y) で，x, y がともに整数であるものを格子点という．直線 $y = \dfrac{3}{7}x + \dfrac{3}{10}$ と格子点との距離の最小値を求めよ．

（☞ 解答・解説は128ページ）

問題 N−6 （2次の不定方程式）

$2x^2 y^2 + y^2 = 26x^2 + 1201$ をみたす正の整数の組 (x, y) をすべて求めよ．

（☞ 解答・解説は129ページ）

問題 N−7 （GCD, LCM を含む方程式）

次の方程式の正の整数解 (a, b) をすべて求めよ．

$$LCM(a, b) + GCD(a, b) + a + b = ab$$

ただし $a \geq b$ とする．また $LCM(a, b)$, $GCD(a, b)$ は各々 a と b の最小公倍数，最大公約数を示す．

（☞ 解答・解説は130ページ）

問題一覧　Number Theory（数論）25問

問題 N-8　（末尾の0の個数）

1997! を十進法で表すとき，末尾に何個の0が並ぶか？

（ ☞ 解答・解説は131ページ ）

問題 N-9　（10の倍数となる場合）

1998 以下の正の整数 n で $n^{1998} - 1$ が 10 の整数倍になるものは何個あるか．

（ ☞ 解答・解説は132ページ ）

問題 N-10　（直線上の格子点）

(X, Y) を直線 $-3x + 5y = 7$ 上の格子点とするとき，$|X + Y|$ の最小値を求めよ．ただし格子点とは x 座標，y 座標がともに整数である点のことをいう．

（ ☞ 解答・解説は133ページ ）

問題 N-11　（ $3a + 5b$ の形の数）

$3a + 5b$ （ただし，a, b は 0 以上の整数）の形で表せない自然数の最大値を求めよ．

（ ☞ 解答・解説は134ページ ）

問題一覧　Number Theory（数論）25問

問題 N-12　(剰余の周期性)

$1^{2001} + 2^{2001} + 3^{2001} + \cdots + 2000^{2001} + 2001^{2001}$ を 13 で割ったときの余りを求めよ．

(☞ 解答・解説は135ページ)

問題 N-13　(桁の交換)

m は自然数である．$(m-2)^2$ と $m^2 - 1$ はともに 3 桁の自然数であり，それらの一方の数の百の位の数字と一の位の数字を入れ替えると他方の数に等しくなる．m として考えられる数をすべて求めよ．

(☞ 解答・解説は136ページ)

問題 N-14　(下3桁)

$2003n$ の下 3 桁が 113 となるような正の整数 n のうち，最小のものを求めよ．

(☞ 解答・解説は137ページ)

問題 N-15　(整数解の個数)

$7m + 3n = 10^{2004}$ をみたす正の整数の組 (m, n) で，$\dfrac{n}{m}$ が整数となるようなものはいくつあるか．

(☞ 解答・解説は138ページ)

問題一覧　Number Theory（数論）25問

問題 N-16（平方数の差）

50 以下の正の整数 n で次の条件をみたすものはいくつあるか．
　$a^2 - b^2 = n$ をみたす 0 以上の整数 a, b がただ 1 組存在する．

（☞ 解答・解説は139ページ）

問題 N-17（和が平方数）

　相異なる 3 つの正の整数の組であって，どの 2 つの和も平方数になるようなもののうち，3 数の和が最小になるものをすべて求めよ．ただし「1 と 2 と 3」と「3 と 2 と 1」のように順番を並べ替えただけの組は同じものとみなす．

（☞ 解答・解説は140ページ）

問題 N-18（整数の決定）

　n は十の位が 0 でない 4 桁の正の整数であり，n の上 2 桁と下 2 桁をそれぞれ 2 桁の整数と考えたとき，この 2 数の積は n の約数となる．そのような n をすべて求めよ．

（☞ 解答・解説は141ページ）

問題 N-19（最小公倍数）

　4 つの相異なる 1 桁の正の整数がある．これらの最小公倍数として考えられる最大の値を求めよ．

（☞ 解答・解説は142ページ）

問題一覧　Number Theory（数論）25問

問題 N-20 （連立方程式）

次の 2 つの式をみたす正の整数の組 (a, b, c) をすべて求めよ．ただし，3 つの数の並ぶ順番が異なる組は区別する．

$$\begin{cases} ab+c = 13 \\ a+bc = 23 \end{cases}$$

（☞ 解答・解説は143ページ）

問題 N-21 （桁の並べ替え）

各桁の数字が相異なり，どれも 0 でないような 3 桁の正の整数 n がある．n の各桁の数字を並べ換えてできる 6 つの数の最大公約数を g とする．g として考えられる最大の値を求めよ．

（☞ 解答・解説は144ページ）

問題 N-22 （剰余と周期性）

2011 以下の正の整数のうち 3 で割って 1 余るものの総和を A，3 で割って 2 余るものの総和を B とする．$A - B$ を求めよ．

（☞ 解答・解説は145ページ）

問題一覧　Number Theory（数論）25問

問題 N-23　（条件を満たす最小の整数）

A を 3 の倍数であるが 9 の倍数ではない正の整数とする．A の各桁の積を A に足すと 9 の倍数になった．このとき，A としてありうる最小の値を求めよ．

（☞ 解答・解説は146ページ）

問題 N-24　（3 数の最小公倍数）

3 つの正の整数 x, y, z の最小公倍数が 2100 であるとき，$x+y+z$ としてありうる最小の値を求めよ．

（☞ 解答・解説は147ページ）

問題 N-25　（互いに素）

2 つの黒板 A, B があり，それぞれの黒板に 2 以上 20 以下の相異なる整数がいくつか書かれている．A に書かれた数と B に書かれた数を 1 つずつとってくると，その 2 つは必ず互いに素になっている．このとき，A に書かれている整数の個数と B に書かれている整数の個数の積としてありうる最大の値を求めよ．

（☞ 解答・解説は148ページ）

問題一覧　数理哲人からの12問

　第5章の12問は，JMOをめざす皆さんのために，数理哲人が贈る練習問題のセットです．第4章までの100問で力をつけた上で，JMO予選と同じ《180分》の時間設定のなかで，取り組んでみてください．

問題 Ⅴ−1 （1次不定方程式）

　$37m + 13n = 1$ を満たす整数の組 m, n のうち，m の値が正で最小であるものを求めよ．

（☞ 解答・解説は152ページ）

問題 Ⅴ−2 （カタラン数）

　赤玉5個と白玉5個の合わせて10個の球を，横一列に左から並べていく．その途中，並んでいる玉が何個のときをみても，白玉の数が赤玉の数を超えないという．このような配列の順序は何通りあるか．ただし，同じ色の玉は区別をしないものとする．

（☞ 解答・解説は153ページ）

問題 Ⅴ−3 （角速度の推定）

　図のような模様の円盤が一定の角速度 ω で反時計まわりに回転している．その様子を1秒間に30コマの速さで撮影し，これを映写したところ，円盤は時計まわりに周期4秒で回転しているように見えた．

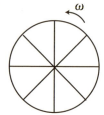

　角速度 ω[rad/s] として考えられる値の最小値を求めよ．

（☞ 解答・解説は154ページ）

問題一覧 数理哲人からの12問

問題 Ⅰ-4(無理数の表示方法)

$(2-\sqrt{3})^5 = \sqrt{m} - \sqrt{m-1}$ となる正の整数 m を求めよ．

(☞ 解答・解説は155ページ)

問題 Ⅰ-5(内接円の半径)

1辺の長さが1の正方形 ABCD の辺 BC 上に点 E をとる．$\triangle ABE$，$\triangle ACE$ の内接円の半径が等しいとき，その半径の長さを求めよ．

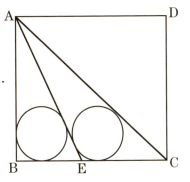

(☞ 解答・解説は157ページ)

問題 Ⅰ-6(寿司ネタの食べ合わせ)

キミが，何かのご褒美で回転寿しを 10 皿おごってもらうことになった．ところが寿司屋に行ってみると，あわび，いくら，うに，えんがわ，の4種類のネタしか提供できないという．さらに，あわびは残り2皿しかないという．これら4種類の中から10皿を食べる組合せは何通りあるか．ただし，全く食べないネタがあっても構わない．また，食べる順序の違いは区別しないものとする．

(☞ 解答・解説は159ページ)

問題 I-7 (山の分割)

100 個のコインからなる山を，2 つの山に分ける．それぞれの山に含まれるコインの個数を数えて，それらの積を紙に記録する．さらに，それぞれのコインの山を 2 つに分け，分けた山それぞれに含まれるコインの個数を数えて，それらの積を記録する．この作業を繰り返し，すべての山が 1 個のコインだけになるまで続ける．「 1 つのコインの山を 2 つに分け，分けた 2 つの山に含まれるコインの個数の積を記録する」作業を「山の分割」と呼ぶことにする．山の分割の繰り返しが終了した時点で，記録した数のすべての和を求めよ．

(☞ 解答・解説は162ページ)

問題 I-8 (回文数の決定)

10 進法で表された 17 桁の整数 $aaaaaaabaaaaaaaa_{(10)}$ が 17 の倍数となるような組 (a, b) をすべて求めよ．

(☞ 解答・解説は164ページ)

問題 I-9 (数字の順列の個数)

整数 $1, 2, \ldots, 9$ の順列で，どの数の後にも（直後である必要はない）その数と 1 だけ違う数がくるような順列の総数を求めよ．例えば，123456789 はこの条件をみたすが，124536789 はこの条件をみたさない．

(☞ 解答・解説は165ページ)

問題一覧　数理哲人からの12問

問題 Ⅰ－10 （素数と剰余）

p を 7 以上の素数とする．p^4 を 240 で割った余りとして現れる数をすべて求めよ．

（☞ 解答・解説は166ページ）

問題 Ⅰ－11 （正20面体）

図は 1 辺の長さが 1 であるような正 20 面体である．4 つの平面 ABG, BCG, ABC, ACG で囲まれた部分の体積を求めよ．

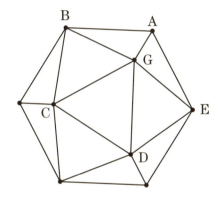

（☞ 解答・解説は168ページ）

問題 Ⅰ－12 （母関数）

n を 5 以上の自然数とする．

$(1+x+x^2+x^3+x^4+x^5)^n$ を展開したときの x^5 の係数を求めよ．

（☞ 解答・解説は169ページ）

未解決問題の在庫を抱えておく

　学校で学ぶ数学には，背後に文科省による《学習指導要領》があり，学年ごとに学ぶべき内容のリストが存在します．教室では皆が一斉に同じ進度で学ぶこともあって，他者との比較にさらされやすい構造を持っています．そうすると，問題集に取り組むにしても，いつまでに何ページ進むといったノルマが課せられて，ちょっと考えて分からない問題があると，早々にあきらめて答えをみて，問題の解き方を覚える，という学習が蔓延します．こうした現象を私は《作業的数学観》と名付けました．

　競技数学では，いつまでに何を，という決まりもなく，勝負に負けても失うものがないので，自由に取り組むことができます．分からない問題があっても，宿題の提出期限のような締め切りもありませんから，何日でもじっと考え続けてよいのです．競技数学に取り組むのに，つまらぬ《作業》に明け暮れる必要は，まったくありません．

　とはいえ，勝負に勝つには，自ずと《相場》というものがあるので，単にのんびりゆっくり学ぶのではなく「どの本をいつまでに学ぶ」といった具体性をもった目標を立てて，コツコツ進めていく必要があります．この点は，一般的な学習と変わるものでもありません．でも，ちょっと考えてわからないくらいで「慌てて答えを見るな」ということも言えるわけで，これらのバランスの取り方が大切です．

　ＪＭＯ本選やＩＭＯ国際試合では，1問を1～2時間かけて倒すことなど当たり前です．本番でそれをやるには，日常学習でも1問を2～3時間かけて倒すことを当たり前にしたいものです．でも，1問を丸一日じっと考えて，倒せる日も倒せない日もある，というのでは，学習意欲を継続するのがしんどいという人も多いことでしょう．

　そこでお勧めしたいのは，考えている途中の問題をいくつもストックして温めておくことです．いくつもの未解決問題が，あなたの頭の中を《回転寿し》のようにぐるぐる巡回している状況を，いつも作っておくのです．「あっ，わかった！」というとき，そのお皿を手に取って，答案を書いて「倒した！」とガッツポーズをとるのです．

第1章

Algebra
（代数）
解答・解説

第1章 Algebra（代数）25問　解答・解説

問題 𝔄−1（離散的関数方程式）

正の整数に対して定義された関数 f は次の性質をもっている．

$$f(n) = \begin{cases} n-3, & n \geq 1000 \\ f(f(n+7)), & n < 1000 \end{cases}$$

このとき，$f(90)$ を求めよ．

(JMO1990予選第8問)

答案例

$$f(1000) = 997$$

$$f(997) = f(f(1004)) = f(1001) = 998$$

$$f(998) = f(f(1005)) = f(1002) = 999$$

$$f(999) = f(f(1006)) = f(1003) = 1000$$

ここまでの検討から，

$$1000 \xrightarrow{f} 997 \xrightarrow{f} 998 \xrightarrow{f} 999 \xrightarrow{f} 1000$$

つまり，$f^{(n)}(1000)$ は周期 4 で循環していることがわかる．

$$f(90) = f(f(97)) = f(f(f(104))) = \cdots\cdots$$

$$= f(f^{(k)}(90 + 7k)) = \cdots\cdots$$

$$= f(f^{(130)}(90 + 7 \cdot 130)) = f^{(131)}(1000)$$

$$= f^{(3+4\times 32)}(1000) = f^{(3)}(1000)$$

$$= 999 \quad \cdots\cdots [\text{答}]$$

第1章 Algebra（代数）25問　解答・解説

問題 𝔄-2 （代数方程式）

方程式 $x^{199}+10x-5=0$ のすべての解（199個）の199乗の和を求めよ．

(JMO1991予選第2問)

答案例

199個の解を α_k（$1 \leq k \leq 199$）とすると，$\alpha_k^{199}+10\alpha_k-5=0$ であるから

$$\alpha_k^{199}=-10\alpha_k+5$$

これらの和は，

$$\sum_{k=1}^{199}\alpha_k^{199}=\sum_{k=1}^{199}(-10\alpha_k+5)=-10\sum_{k=1}^{199}\alpha_k+5\times 199$$

ここで，解と係数の関係を考える．
199個の解 α_k を用いて，方程式の左辺は次のように因数分解できる．

$$x^{199}+10x-5=(x-\alpha_1)(x-\alpha_2)\cdots\cdots(x-\alpha_{198})$$

右辺の x^{198} の係数は，$-\sum_{k=1}^{199}\alpha_k$ である．左辺の x^{198} の係数は，0 である．

すなわち $\sum_{k=1}^{199}\alpha_k=0$ である．

よって，$\sum_{k=1}^{199}\alpha_k^{199}=995$　……［答］

学校数学でも学ぶ
「解と係数の関係」で，
軽やかに倒すことができるんだ！

第1章　Algebra（代数）25問　解答・解説

問題 A−3（代数曲線の弦）

座標平面上で方程式
$$y^2 = x^3 + 2691x - 8019$$
の定める曲線を E とする．この曲線上の 2 点 $(3, 9)$, $(4, 53)$ を結ぶ直線は，もうひとつの点で曲線 E と交わる．この点の x 座標を求めよ．

(JMO1992予選第3問)

答案例

2 点 $(3, 9)$, $(4, 53)$ を結ぶ直線の傾きは $\dfrac{53-9}{4-3} = 44$ で，直線の方程式は
$$y = 44(x-3) + 9 = 44x - 123$$
これを曲線 E の方程式に代入すると，
$$(44x - 123)^2 = x^3 + 2691x - 8019$$
$$x^3 - 44^2 x^2 + (2 \cdot 44 \cdot 123 + 2691)x - 123^2 - 8019 = 0 \quad \cdots\cdots ①$$

①は $x = 3, 4$ を解にもつ．もう 1 つの解を $x = \alpha$ とおくと，①は，
$$(x-3)(x-4)(x-\alpha) = 0 \quad \cdots\cdots ②$$
となる．①，②の左辺の x^2 の係数を比較して
（あるいは解と係数の関係から），
$$3 + 4 + \alpha = 44^2$$
よって求める x 座標は，
$$\alpha = 1929 \quad \cdots\cdots [答]$$

$(x-3)(x-4)(x-\alpha)$
$= x^3 - (3+4+\alpha)x^2 + \cdots\cdots$
に注意すれば，①の 3 つの解
$x = 3, 4, \alpha$
の和は，x^2 の係数の -1 倍だ．

第1章 Algebra（代数）25問　解答・解説

問題 A-4 （分母の有理化）

$\dfrac{1}{1+\sqrt[5]{64}-\sqrt[5]{4}}$ を有理化したときの分母の最小値を求めよ．

ここで有理化とは，分母を正の整数で，分子を整数と整数の累乗根いくつかの和，差および積で表すことである．

(JMO1993予選第10問)

答案例

$\sqrt[5]{2}=\alpha$ とおくと $\sqrt[5]{64}=2\sqrt[5]{2}=2\alpha$，$\sqrt[5]{4}=\alpha^2$ から $\dfrac{1}{1+\sqrt[5]{64}-\sqrt[5]{4}}=\dfrac{1}{1+2\alpha-\alpha^2}$

である．ここで，$P=(1+2\alpha-\alpha^2)(1+a\alpha+b\alpha^2+c\alpha^3+d\alpha^4)$

が有理数になるように有理数係数 a,b,c,d を定めることを考える．

$$P=1+(a+2)\alpha+(b+2a-1)\alpha^2+(c+2b-a)\alpha^3$$
$$+(d+2c-b)\alpha^4+(2d-c)\alpha^5+(-d)\alpha^6$$

ここで $\alpha^5=2$ なので，

$$P=1+(a+2)\alpha+(b+2a-1)\alpha^2+(c+2b-a)\alpha^3$$
$$+(d+2c-b)\alpha^4+2(2d-c)+2(-d)\alpha$$

$\alpha,\alpha^2,\alpha^3,\alpha^4$ の係数がすべて 0 になるようにすると，P が有理数になる．

$$a+2-2d=0,\ b+2a-1=0,\ c+2b-a=0,\ d+2c-b=0$$

$$\Leftrightarrow d=1+\dfrac{1}{2}a,\ b=1-2a,\ c=-2b+a=5a-2,\ d+2c-b=0$$

ここから，$a=\dfrac{8}{25},\ b=\dfrac{9}{25},\ c=\dfrac{-2}{5},\ d=\dfrac{19}{25},\ P=1+2(2d-c)=\dfrac{161}{25}$

$$\dfrac{161}{25}=(1+2\alpha-\alpha^2)\left(1+\dfrac{8}{25}\alpha+\dfrac{9}{25}\alpha^2-\dfrac{10}{25}\alpha^3+\dfrac{19}{25}\alpha^4\right)$$
$$161=(1+2\alpha-\alpha^2)(25+8\alpha+9\alpha^2-10\alpha^3+19\alpha^4)$$

分母が最小の正整数となるように有理化した式は

$\dfrac{1}{1+2\alpha-\alpha^2}=\dfrac{25+8\sqrt[5]{2}+9\sqrt[5]{4}-10\sqrt[5]{8}+19\sqrt[5]{16}}{161}$ で，分母は 161 ……［答］

第 1 章　Algebra（代数）25問　　解答・解説

問題 A−5（代数的数から方程式）

$a = \sqrt{2} + \sqrt{3}$ とするとき，$\sqrt{2}$ をできるだけ次数の低い a の有理数係数多項式で表せ．

(JMO1994予選第 2 問)

答案例

$\sqrt{3}$ を含む項を解消することを考える．

$a = \sqrt{2} + \sqrt{3}$ を平方すると，$a^2 = \left(\sqrt{2}+\sqrt{3}\right)^2 = 5 + 2\sqrt{2}\sqrt{3}$

（$\sqrt{2}$ を a の有理数係数 2 次式で表すことはできない）

$$a^3 = \left(\sqrt{2}+\sqrt{3}\right)^3 = 2\sqrt{2} + 6\sqrt{3} + 9\sqrt{2} + 3\sqrt{3}$$
$$= 2\sqrt{2} + 9\left(\sqrt{2}+\sqrt{3}\right) = 2\sqrt{2} + 9a$$

よって $\sqrt{2} = \dfrac{1}{2}a^3 - \dfrac{9}{2}a$　……［答］

参考

本問から離れるが，仮に，問いが
「$a = \sqrt{2} + \sqrt{3}$ を解にもつ有理数係数の代数方程式のうちできるだけ次数が低いものを求めよ」
ということであれば，次のようにして 2 つの根号（$\sqrt{2}$ と $\sqrt{3}$）を解消する．

$a - \sqrt{2} = \sqrt{3}$ を平方して，$a^2 - 2\sqrt{2}a + 2 = 3$

$a^2 - 1 = 2\sqrt{2}a$ を平方して，$a^4 - 2a^2 + 1 = 8a^2$

よって，$a^4 - 10a^2 + 1 = 0$

第1章　Algebra（代数）25問　　解答・解説

問題 𝔄−6　（複素数解のべき乗）

　方程式 $x^2-3x+3=0$ の根を $x=\alpha$ とし，この α と正の整数 n，および実数 k が $\alpha^{1995}=k\alpha^n$ をみたしているとする．このような n の最小値とそのときの k の値を求めよ．

（JMO1995予選第4問）

答案例1

$\alpha^2-3\alpha+3=0$ より $\alpha^2=3(\alpha-1)$ を用いて次数下げの計算をすすめる．

$$\alpha^4=9(\alpha^2-2\alpha+1)=9(3\alpha-3-2\alpha+1)=9(\alpha-2)$$

$$\alpha^6=3^3(\alpha-2)(\alpha-1)=3^3(\alpha^2-3\alpha+2)$$

$$=3^3(3\alpha-3-3\alpha+2)=-3^3$$

$1995=6\times 332+3$ より

$$\alpha^{1995}=\alpha^3\cdot\alpha^{1992}=\alpha^3(\alpha^6)^{332}=\alpha^3(-3^3)^{332}=3^{996}\alpha^3$$

α,α^2 は虚数だから，$3^{996}\alpha^3=k\alpha$ または $3^{996}\alpha^3=k\alpha^2$ となる実数 k は存在しない．よって $n=1,2$ では $\alpha^{1995}=k\alpha^n$ の形をつくることはできない．上記の例の $n=3$ が最小の n である．よって $n=3, k=3^{996}$ ……［答］

答案例2

$x^2-3x-3=0$ の解 α を極形式で表すと，

$$\alpha=\frac{3\pm\sqrt{3}i}{2}=\sqrt{3}\left(\frac{\sqrt{3}\pm i}{2}\right)=\sqrt{3}\left(\cos\frac{\pi}{6}\pm i\sin\frac{\pi}{6}\right)$$

複素数平面上でド・モアブルの定理を用いて

$$\alpha^6=(\sqrt{3})^6\left(\cos\frac{\pi}{6}\pm i\sin\frac{\pi}{6}\right)^6=-(\sqrt{3})^6=-3^3$$

以下は［答案例1］と同様に考えて $n=3, k=3^{996}$ ……［答］

第1章　Algebra（代数）25問　　解答・解説

問題 A-7 （3次方程式をつくる）

a が $x^3-x-1=0$ の解であるとき，a^2 を解とする整数係数の3次方程式をひとつ求めよ．

(JMO1996予選第4問)

答案例1

$x^3-x-1=0$ の解を a,b,c とおく．解と係数の関係より

$$a+b+c=0, \quad ab+bc+ca=-1, \quad abc=1$$

である．ここで，

$$a^2+b^2+c^2=(a+b+c)^2-2(ab+bc+ca)=2$$

$$a^2b^2+b^2c^2+c^2a^2=(ab+bc+ca)^2-2abc(a+b+c)=1$$

よって，a^2,b^2,c^2 を解とする3次方程式は

$$(x-a^2)(x-b^2)(x-c^2)=0$$

である．展開すると

$$x^3-(a^2+b^2+c^2)x^2+(a^2b^2+b^2c^2+c^2a^2)x-a^2b^2c^2=0$$

$$x^3-2x^2+x-1=0 \quad \cdots\cdots [答]$$

答案例2

a が $x^3-x-1=0$ の解であるから

$$a^3-a-1=0$$

$$\therefore a(a^2-1)=1$$

$$\therefore a^2(a^2-1)^2=1^2$$

よって a^2 は $x(x-1)^2=1$ すなわち

$$x^3-2x^2+x-1=0 \text{ の解である．} \cdots\cdots [答]$$

第1章　Algebra（代数）25問　解答・解説

問題 A-8　（3重根）

$f(x)$ は5次多項式で，5次方程式 $f(x)+1=0$ は $x=-1$ を3重根にもち，$f(x)-1=0$ は $x=1$ を3重根にもつ．$f(x)$ を求めよ．

(JMO1997予選第8問)

答案例1

条件より　$f(x)+1=(x+1)^3(ax^2+bx+c)$，$f(x)-1=(x-1)^3(px^2+qx+r)$
と書ける．それぞれを展開すると
$$f(x)=ax^5+(3a+b)x^4+(c+3b+3a)x^3+(3c+3b+a)x^2+(3c+b)x+c-1$$
$$f(x)=px^5+(q-3p)x^4+(r-3q+3p)x^3+(-3r+3q-p)x^2+(3r-q)x+1-r$$
係数比較して　$p=a$，$q=3p+3a+b$，$r=3q-3p+c+3b+3a$，
$\quad -3r+3q-p=3c+3b+a$，$3r-q=3c+b$，$1-r=c-1$

ここから p,q,r を消去して a,b,c を求めると $a=\dfrac{3}{8}, b=-\dfrac{9}{8}, c=1$

$$f(x)=(x+1)^3\left(\dfrac{3}{8}x^2-\dfrac{9}{8}x+1\right)-1=\dfrac{3}{8}x^5-\dfrac{5}{4}x^3+\dfrac{15}{8}x \quad \cdots\cdots [\text{答}]$$

答案例2

導関数 $f'(x)$ は4次式であり，$x=\pm 1$ をそれぞれ2重根としてもつので
$$f'(x)=k(x-1)^2(x+1)^2=k(x^4-2x^2+1)$$
と書ける．不定積分して　$f(x)=k\left(\dfrac{1}{5}x^5-\dfrac{2}{3}x^3+x\right)+C$　を得る．
条件より $f(1)=1, f(-1)=-1$ となることを用いて，
$$f(1)=\dfrac{8}{15}k+C=1,\; f(-1)=-\dfrac{8}{15}k+C=-1$$
ここから $k=\dfrac{15}{8}$，$C=0$ と決まるので，
$$f(x)=\dfrac{3}{8}x^5-\dfrac{5}{4}x^3+\dfrac{15}{8}x \quad \cdots\cdots [\text{答}]$$

第1章　**Algebra**（代数）25問　　解答・解説

問題 A-9（有理式の最大値）

x, y, z が正の実数を動くとき $\dfrac{x^3 y^2 z}{x^6 + y^6 + z^6}$ の最大値を求めよ．

(JMO1998予選第10問)

答案例

分母・分子を $x^3 y^2 z$ で割って $\dfrac{x^3 y^2 z}{x^6 + y^6 + z^6} = \dfrac{1}{\dfrac{x^3}{y^2 z} + \dfrac{y^4}{x^3 z} + \dfrac{z^5}{x^3 y^2}}$

$X = \dfrac{x^3}{y^2 z}, Y = \dfrac{y^4}{x^3 z}, Z = \dfrac{z^5}{x^3 y^2}$ とおくと，$\dfrac{x^3 y^2 z}{x^6 + y^6 + z^6} = \dfrac{1}{X + Y + Z}$

ここで，実数 a, b, c を指数にとって $X^a Y^b Z^c = x^{3(a-b-c)} y^{2(2b-c-a)} z^{5c-a-b}$ という式をつくり，これを定数にできないかと考える．そこで，

$$a - b - c = 0, \quad 2b - c - a = 0, \quad 5c - a - b = 0$$

を解いて，$a = 3, b = 2, c = 1$ とすると $X^3 Y^2 Z = 1$ になる．

これで，相加相乗平均の不等式が使えるようになる．

$$X + Y + Z = \dfrac{X}{3} + \dfrac{X}{3} + \dfrac{X}{3} + \dfrac{Y}{2} + \dfrac{Y}{2} + Z$$

$$\geq 6 \left(\dfrac{X}{3} \cdot \dfrac{X}{3} \cdot \dfrac{X}{3} \cdot \dfrac{Y}{2} \cdot \dfrac{Y}{2} \cdot Z \right)^{\frac{1}{6}} = 6 \left(\dfrac{X^3 Y^2 Z}{3^3 2^2} \right)^{\frac{1}{6}}$$

$$= 6 \left(\dfrac{1}{3^3 2^2} \right)^{\frac{1}{6}} = 6 \times 3^{-\frac{1}{2}} \times 2^{-\frac{1}{3}} = 3^{\frac{1}{2}} \times 2^{\frac{2}{3}} = \sqrt{3} \sqrt[3]{4}$$

$$\dfrac{x^3 y^2 z}{x^6 + y^6 + z^6} = \dfrac{1}{X + Y + Z} \leq \dfrac{1}{3^{\frac{1}{2}} \times 2^{\frac{2}{3}}} = \dfrac{1}{\sqrt{3} \sqrt[3]{4}} = \dfrac{\sqrt{3} \sqrt[3]{2}}{6}$$

等号は $X : Y : Z = x^6 : y^6 : z^6 = 3 : 2 : 1$ のときに実現する．

よって，求める最大値は $\dfrac{\sqrt{3} \sqrt[3]{2}}{6}$ ……［答］

第1章　Algebra（代数）25問　　解答・解説

問題 A−10 （整数を3桁ずつ区切る）

$1991 \leq n \leq 1999$ である自然数 n で，次の性質をみたすものすべてを求めよ．

「n の3乗 n^3 を一の位から左へ3桁ずつに区切ってできる数の和は n に等しい．」

（例）$n = 1990$ としてみると，$1990^3 = 7,880,599,000$．よって，

和 $= 7 + 880 + 599 + 000 = 1486 \neq 1990$

で上の性質をみたさない．

(JMO1999予選第3問)

答案例

$n = 2000 - m$　（$1 \leq m \leq 9$）とおく．

$$n^3 = (2000 - m)^3$$
$$= 8 \times 10^9 - 12m \times 10^6 + 6m^2 \times 10^3 - m^3$$

これを3桁ずつに区切ると，

$$n^3 = (8-1) \times 10^9 + (10^3 - 12m) \times 10^6 + (6m^2 - 1) \times 10^3 + (10^3 - m^3)$$

区切ってできる3桁の数は，

7，$1000 - 12m$，$6m^2 - 1$，$1000 - m^3$

の4個である．これらの和は，

$$7 + (1000 - 12m) + (6m^2 - 1) + (1000 - m^3)$$
$$= 2000 - m^3 + 6m^2 - 12m + 6$$

問題の条件から，これが n に等しいので，

$$2000 - m = 2000 - m^3 + 6m^2 - 12m + 6$$
$$m^3 - 6m^2 + 11m - 6 = 0$$
$$(m-1)(m-2)(m-3) = 0$$
$$m = 1, 2, 3$$

よって，求める $n = 2000 - m$ は $n = 1997, 1998, 1999$　……［答］

第1章　Algebra（代数）25問　　解答・解説

問題 A−11（$2n$ 次方程式）

n を自然数とする．有理数係数の $2n$ 次方程式
$$x^{2n} + a_1 x^{2n-1} + a_2 x^{2n-2} + \cdots + a_{2n-1} x + a_{2n} = 0$$
の解は，すべて
$$x^2 + 5x + 7 = 0$$
の解にもなっている．このとき係数 a_1 の値を求めよ．

（JMO2000予選第6問）

答案例

与えられた方程式を $f(x) = 0$ とする．その解は $x^2 + 5x + 7 = 0$ の解 $\alpha = \dfrac{-5 + \sqrt{3}i}{2}$, $\beta = \dfrac{-5 - \sqrt{3}i}{2}$ のいずれかであるというのだから，
$$f(x) = (x - \alpha)^k (x - \beta)^l \quad (k, l \text{ は非負整数で，} k + l = 2n)$$
の形をとる．ここで，$2n$ 次式 $f(x)$ の最高次のひとつ下の x^{2n-1} の係数に注目して，解と係数の関係を使うと，
$$a_1 = -(k\alpha + l\beta) = \frac{5}{2}(k + l) - \frac{\sqrt{3}i}{2}(k - l)$$

a_1 が有理数であるから，
$k - l = 0$ すなわち $k = l = n$ である．
よって，
$$a_1 = 5n \quad \cdots\cdots \text{[答]}$$

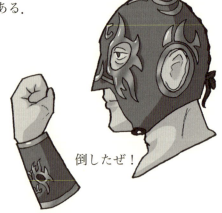

倒したぜ！

第1章　Algebra（代数）25問　解答・解説

問題 A−12（多項式の互除法）

2つの方程式

$$x^5 + 2x^4 - x^3 - 5x^2 - 10x + 5 = 0$$
$$x^6 + 4x^5 + 3x^4 - 6x^3 - 20x^2 - 15x + 5 = 0$$

をともにみたす実数 x をすべて求めよ．

(JMO2001予選第8問)

答案例

$$f(x) = x^6 + 4x^5 + 3x^4 - 6x^3 - 20x^2 - 15x + 5,$$
$$g(x) = x^5 + 2x^4 - x^3 - 5x^2 - 10x + 5$$

とおく．$f(x)$ を $g(x)$ で割ると，$f(x) = (x+2)g(x) + (x^3 - 5)$ であり，$f(x) = 0$，$g(x) = 0$ の共通解は，$g(x) = 0$，$x^3 - 5 = 0$ の共通解と1対1に対応する．

ここで，$g(x) = (x^3 - 5)(x^2 + 2x - 1)$ であるから，

$g(x) = 0$，$x^3 - 5 = 0$ の共通解は，$x^3 - 5 = 0$ の解と1対1に対応する．

$x^3 - 5 = 0$ の解は5の3乗根であり，これは複素数の範囲で

$$\sqrt[3]{5},\ \sqrt[3]{5}(\cos 120° + i \sin 120°),\ \sqrt[3]{5}(\cos 240° + i \sin 240°)$$

の3個である．よって，求める実数解は

$$\sqrt[3]{5} \quad \cdots\cdots \text{［答］}$$

数理哲人の解説

$f(x)$ を $g(x)$ で割った商を $Q(x)$，余りを $R(x)$ として，$f(x) = g(x)Q(x) + R(x)$ と表すとき，$f(x) = 0$，$g(x) = 0$ の共通解は，$g(x) = 0$，$R(x) = 0$ の共通解と1対1に対応する．

（多項式におけるユークリッドの互除法）

第 1 章　Algebra（代数）25 問　　解答・解説

問題 A−13 （式の値の最小値）

正の実数 x, y に対して，次の式の値の最小値を求めよ．

$$x+y+\frac{2}{x+y}+\frac{1}{2xy}$$

(JMO2002 予選第 6 問)

答案例

相加相乗平均の不等式を使いたい．相乗平均が一定になれば，相加平均が最小となる場合が得られることから $x+y=\dfrac{x+y}{2}+\dfrac{x}{2}+\dfrac{y}{2}$ という式変形《分身の術》を使う．

$$\begin{aligned}
x+y+\frac{2}{x+y}+\frac{1}{2xy} &= \left(\frac{x+y}{2}+\frac{2}{x+y}\right)+\left(\frac{x}{2}+\frac{y}{2}+\frac{1}{2xy}\right) \\
&\geq 2\sqrt{\frac{x+y}{2}\cdot\frac{2}{x+y}}+3\sqrt[3]{\frac{x}{2}\cdot\frac{y}{2}\cdot\frac{1}{2xy}} \\
&= 2+\frac{3}{2}=\frac{7}{2}
\end{aligned}$$

ただし，上の不等式において等号が成立するのは，

$$\frac{x+y}{2}=\frac{2}{x+y},\ \ \text{かつ}\ \ \frac{x}{2}=\frac{y}{2}=\frac{1}{2xy}\ \Leftrightarrow\ x=y=1$$

が成立するときである．このとき，与式は最小値 $\dfrac{7}{2}$　……［答］

数理哲人の解説

値が変動する式 F と，定数 m の間に，$F \geq m$ という不等式が成り立つことが言えたとしよう．これだけでは，F の最小値が m である，という結論を推論することはできない．$F \geq m$ とは，$F > m$ または $F = m$ と述べているに過ぎないからである．F の最小値が m である，というためには，等号成立の場合が存在することを述べなければならない．

このことは，JMO 予選では短答式で結果しか問われないため大きな問題にはならないが，本選以降では重要な基本事項となる．

第1章 Algebra（代数）25問　解答・解説

問題 A−14（3変数の対称式）

3つの実数 x, y, z が

$$\begin{cases} x+y+z = 0 \\ x^3+y^3+z^3 = 3 \\ x^5+y^5+z^5 = 15 \end{cases}$$

をみたす．このとき，$x^2+y^2+z^2$ の値を求めよ．

(JMO2003予選第4問)

答案例

$S_n = x^n + y^n + z^n \ (n = 1, 2, \cdots\cdots)$，$p = xy + yz + zx$，$q = xyz$ とおく．

$$S_0 = x^0 + y^0 + z^0 = 3, \quad S_1 = x+y+z = 0$$

求める値は，$S_2 = x^2+y^2+z^2 = (x+y+z)^2 - 2(xy+yz+zx) = 0 - 2p$ である．
ここで，

$$x^{n+3} + y^{n+3} + z^{n+3} = (x+y+z)(x^{n+2}+y^{n+2}+z^{n+2})$$
$$- (xy+yz+zx)(x^{n+1}+y^{n+1}+z^{n+1}) + xyz(x^n+y^n+z^n)$$

すなわち $S_{n+3} = 0 \cdot S_{n+2} - pS_{n+1} + qS_n$ であることを利用すると，

$$S_3 = -pS_1 + qS_0 = 3q \quad (\to 条件 S_3 = 3 \ と合わせて \ q = 1 \ を得る)$$
$$S_4 = -pS_2 + qS_1 = 2q^2$$
$$S_5 = -pS_3 + qS_2 = -5pq \quad (\to 条件 S_5 = 15 \ と合わせて \ p = -3 \ を得る)$$

求める値は

$$S_2 = -2p = 6 \quad \cdots\cdots \ [答]$$

解説

しばしば見かける漸化式

$$\alpha^{n+1} + \beta^{n+1} = (\alpha+\beta)(\alpha^n + \beta^n) - \alpha\beta(\alpha^{n-1} + \beta^{n-1})$$

の考え方を3変数の場合に拡張して適用する．

第1章 Algebra（代数）25問　解答・解説

問題 A−15（最小値を最大にする）

n を正の整数とする．$a_1 + a_2 + \cdots + a_n = 1$ をみたす正の数 $a_1, a_2, \cdots, a_n$ に対して，n 個の数 $\dfrac{a_1}{1+a_1}, \dfrac{a_2}{1+a_1+a_2}, \cdots, \dfrac{a_n}{1+a_1+a_2+\cdots+a_n}$ の最小値を A とおく．$a_1, a_2, \cdots, a_n$ が変化するときの A の最大値を求めよ．

(JMO2004予選第8問)

答案例

$a_1, a_2, \cdots, a_n$ は正の数なので $\dfrac{a_1}{1+a_1}, \dfrac{a_2}{1+a_1+a_2}, \cdots, \dfrac{a_n}{1+a_1+a_2+\cdots+a_n}$ はすべて $0 < \dfrac{a_k}{1+a_1+a_2+\cdots+a_k} < 1 \ (k=1, 2, \cdots, n)$ の範囲にある．

A の定義から，$\dfrac{a_1}{1+a_1} \geq A, \dfrac{a_2}{1+a_1+a_2} \geq A, \cdots, \dfrac{a_n}{1+a_1+a_2+\cdots+a_n} \geq A$

$1 - \dfrac{a_1}{1+a_1} \leq 1-A, \ 1 - \dfrac{a_2}{1+a_1+a_2} \leq 1-A, \cdots, 1 - \dfrac{a_n}{1+a_1+a_2+\cdots+a_n} \leq 1-A$

これらを辺ごとにかけ合わせると，

$$(1-A)^n \geq \left(1 - \dfrac{a_1}{1+a_1}\right)\left(1 - \dfrac{a_2}{1+a_1+a_2}\right) \cdots \left(1 - \dfrac{a_n}{1+a_1+a_2+\cdots+a_n}\right)$$

$$= \dfrac{1}{1+a_1} \times \dfrac{1+a_1}{1+a_1+a_2} \times \cdots \times \dfrac{1+a_1+a_2+\cdots+a_{n-1}}{1+a_1+a_2+\cdots+a_{n-1}+a_n}$$

$$= \dfrac{1}{1+(a_1+a_2+\cdots+a_n)} = \dfrac{1}{2}$$

よって，$1-A \geq \dfrac{1}{\sqrt[n]{2}}$ から $A \leq 1 - \dfrac{1}{\sqrt[n]{2}}$ である．ここで，等号成立条件を調べる．それは，$\dfrac{a_1}{1+a_1} = \dfrac{a_2}{1+a_1+a_2} = \cdots = \dfrac{a_n}{1+a_1+a_2+\cdots+a_n} = 1 - \dfrac{1}{\sqrt[n]{2}}$

となる場合であるが，これを $a_1, a_2, \cdots, a_n$ について順に解けば，$a_k = \sqrt[n]{2^k} - \sqrt[n]{2^{k-1}} \ (k=1, 2, \cdots, n)$ を得る．また，これらの和は確かに 1 である．よって，A の最大値は $1 - \dfrac{1}{\sqrt[n]{2}}$ である．……[答]

第1章　Algebra（代数）25問　　解答・解説

問題 A−16 （式の値の最小値）

実数 a, b が $a+b=17$ をみたすとき、2^a+4^b の最小値を求めよ．

(JMO2005予選第6問)

答案例

相加・相乗平均の不等式を用いる．

$$2^a + 4^b = \frac{2^a}{2} + \frac{2^a}{2} + 2^{2b} \geq 3\sqrt[3]{\frac{2^a}{2} \times \frac{2^a}{2} \times 2^{2b}} = 3\sqrt[3]{2^{2a+2b-2}}$$
$$= 3\sqrt[3]{2^{2(a+b-1)}} = 3\sqrt[3]{2^{32}} = 3 \times 2^{10} \times \sqrt[3]{2^2} = 3072\sqrt[3]{4}$$

等号成立は $\dfrac{2^a}{2} = 4^b$ （$\Leftrightarrow a = 2b+1$）のときである．

これは $a = \dfrac{35}{3}$，$b = \dfrac{16}{3}$ のときに実現する．

よって $2^a + 4^b$ の最小値は $3072\sqrt[3]{4}$ ……［答］

問題 A−17 （3元連立方程式）

次の連立方程式をみたす実数 x, y, z の組をすべて求めよ．

$$x^2 - 3y - z = -8, \quad y^2 - 5z - x = -12, \quad z^2 - x - y = 6$$

(JMO2006予選第5問)

答案例

3本の式を辺ごとに加えると，
$$x^2 + y^2 + z^2 - 2x - 4y - 6z = -14$$
$$(x-1)^2 + (y-2)^2 + (z-3)^2 = 0$$

$(x,y,z) = (1,2,3)$ となることが必要である．

これで十分であることは，もとの3式に代入することで確かめられる．

よって，$(x,y,z) = (1,2,3)$ ……［答］

が唯一の解である．

第1章　Algebra（代数）25問　解答・解説

問題 A—18 （十の位）

$11^{12^{13}}$ の十の位を求めよ．ただし，$11^{12^{13}}$ とは 11 の 12^{13} 乗のことであり，11^{12} の 13 乗のことではない．

(JMO2007予選第2問)

答案例1

$$11^n = (10+1)^n$$
$$= 1 + 10n + {}_nC_2 10^2 + {}_nC_3 10^3 + \cdots + {}_nC_n 10^n$$
$$= 1 + 10n + 100({}_nC_2 + {}_nC_3 10^1 + \cdots + {}_nC_n 10^{n-2})$$

よって，11^n の十の位の数は n の一の位の数と等しい．

よって，$11^{12^{13}}$ の十の位の数を求めるには 12^{13} の一の位の数を求めればよい．12^n の一の位は $2,4,8,6,2,4,\cdots$ と周期 4 で循環することから，12^{13} の一の位は 2 である．

よって $11^{12^{13}}$ の十の位は 2　……［答］

答案例2

n を正の整数として，二項定理と合同算術により，

$$11^n = (10+1)^n = \sum_{k=0}^{n} {}_nC_k 10^k \equiv {}_nC_0 + {}_nC_1 10^1 \equiv 10n+1 \pmod{100}$$

よって，11^n の十の位の数は n の一の位の数と等しい．

つまり，$11^{12^{13}}$ の十の位の数は 12^{13} の一の位の数と等しい．

12^n の一の位は $2,4,8,6,2,4,\cdots$ と周期 4 で循環することから，12^{13} の一の位は 2 である．

よって $11^{12^{13}}$ の十の位は 2　……［答］

第1章 Algebra（代数）25問　解答・解説

問題 A-19（条件をみたす数列）

2008個の実数 $x_1, x_2, \cdots, x_{2008}$ があり，$|x_1|=999$ であって，2以上2008以下の整数 n に対し $|x_n|=|x_{n-1}+1|$ が成り立っている．このとき，$x_1+x_2+\cdots+x_{2008}$ としてありうる最小の値を求めよ．

（JMO2008予選第9問）

答案例

まず $x_1=-999$ としてみる．$|x_2|=|x_1+1|=998$ より $x_2=-998$ としてみる．$|x_3|=|x_2+1|=997$ より $x_3=-997$ としてみる．以下同様に続けて，$x_4=-996$，……，$x_{998}=-2$，$x_{999}=-1$，$x_{1000}=0$，$x_{1001}=-1$，$x_{1002}=0$，$x_{1003}=-1$，$x_{1004}=0$，……，$x_{2007}=-1$，$x_{2008}=0$ としてみる．この例において，
$$x_1+x_2+\cdots+x_{2008}=-(999+998+\cdots+2+1)+(-1)\times 504=-500004$$
となる．この値が，求める最小値であることを示す．

$|x_n|=|x_{n-1}+1|$ より，$x_n^2=(x_{n-1}+1)^2$（$2\leq n\leq 2008$）であり，これらの和は
$$\sum_{k=2}^{2008}x_k^2=\sum_{k=2}^{2008}(x_{k-1}+1)^2=\sum_{k=1}^{2007}(x_k+1)^2$$

両辺に $x_1^2=999^2$ を加えると，
$$\sum_{k=1}^{2008}x_k^2=999^2+\sum_{k=1}^{2007}(x_k+1)^2$$
$$=999^2+2007+2(x_1+x_2+\cdots+x_{2007})+(x_1^2+x_2^2+\cdots+x_{2007}^2)$$

計算して，$x_{2008}^2=1000008+2(x_1+x_2+\cdots+x_{2007})$

ここで，$S=x_1+x_2+\cdots+x_{2008}$ とおくと，$x_{2008}^2=1000008+2(S-x_{2008})$ より
$$2S=(1+x_{2008})^2-1000009 \quad \cdots\cdots (*)$$

ここで $|x_n|=|x_{n-1}+1|$ より，数列 $\{x_n\}$ は偶数と奇数が交互に現れる．x_1 が奇数なので，x_{2008} は偶数である．$(1+x_{2008})^2\geq 1$ とわかり，$(*)$ より $S\geq -500004$ となる．よって，S の最小値は -500004 ……［答］

第1章　Algebra（代数）25問　解答・解説

問題 A−20（対称性の活用）

実数 x_1, x_2, x_3, x_4, x_5 が次の5つの式をみたす．

$$\begin{cases} x_1x_2 + x_1x_3 + x_1x_4 + x_1x_5 = -1 \\ x_2x_1 + x_2x_3 + x_2x_4 + x_2x_5 = -1 \\ x_3x_1 + x_3x_2 + x_3x_4 + x_3x_5 = -1 \\ x_4x_1 + x_4x_2 + x_4x_3 + x_4x_5 = -1 \\ x_5x_1 + x_5x_2 + x_5x_3 + x_5x_4 = -1 \end{cases}$$

このとき，x_1 としてありうる値をすべて求めよ． （JMO2009予選第7問）

答案例

実数の組 $(x_1, x_2, x_3, x_4, x_5)$ が条件をみたすとき，与式の両辺にそれぞれ $x_1^2, x_2^2, \cdots, x_5^2$ を加えると，$x_i(x_1 + x_2 + \cdots + x_5) = -1 + x_i^2$　$(i = 1, 2, \cdots, 5)$ となる．ここで $x_1 + x_2 + \cdots + x_5 = a$ とおけば，$x_1, x_2, \cdots, x_5$ は方程式 $x^2 - ax - 1 = 0$ の解のいずれかである．判別式は $a^2 + 4 > 0$ なので，異なる2つの実数解をもつ．x_1 に等しい方を α，異なる方を β とすると解と係数の関係から $\alpha + \beta = a$，$\alpha\beta = -1$

また，$x_1, x_2, \cdots, x_5$ のうち α と β の個数の配分で場合を分ける．
$a = x_1 + x_2 + \cdots + x_5$ は，$a = \alpha + 4\beta$ （①），$a = 2\alpha + 3\beta$ （②），$a = 3\alpha + 2\beta$ （③），$a = 4\alpha + \beta$ （④），$a = 5\alpha$ （⑤）のいずれかとなる．
方程式から $\alpha^2 - 1 = a\alpha$ であることと，$\alpha\beta = -1$ を用いれば，
①のとき；$\alpha^2 - 1 = a\alpha = \alpha^2 + 4\alpha\beta = \alpha^2 - 4$ で，これは不適．
②のとき；$\alpha^2 - 1 = a\alpha = 2\alpha^2 + 3\alpha\beta = 2\alpha^2 - 3$ から $\alpha = \pm\sqrt{2}$
③のとき；$\alpha^2 - 1 = a\alpha = 3\alpha^2 + 2\alpha\beta = 3\alpha^2 - 2$ から $\alpha = \pm\dfrac{\sqrt{2}}{2}$
④のとき；$\alpha^2 - 1 = a\alpha = 4\alpha^2 + \alpha\beta = 4\alpha^2 - 1$ から $\alpha = 0$ で，これは不適．
⑤のとき；$\alpha^2 - 1 = a\alpha = 5\alpha^2$ で，これは不適．

これらの α は条件をみたすから，$(x_1 = \alpha =) \pm\sqrt{2},\ \pm\dfrac{\sqrt{2}}{2}$ ……［答］

第1章　Algebra（代数）25問　解答・解説

問題 𝔄−21 （10進法表記）

0以上10000以下の整数の中で，10進法で表記したときに1が現れないようなものすべての平均を求めよ．

(JMO2010予選第2問)

答案例

0以上10000以下の整数の中で，10進法で表記したときに1が使われないようなものを X とおく．$X \neq 10000$ であるから4桁以下の整数についてのみ考えればよい．

X は $a, b, c, d \in \{0, 2, 3, 4, 5, 6, 7, 8, 9\}$ を用いて

$$X = a + 10b + 100c + 1000d$$

と表せる．ここで各位の平均を考える．まず a について考えると，$a = 0, 2, 3, \ldots, 8, 9$ となるものがそれぞれ等しい個数だけあるので，X 全体にわたっての a の平均は

$$\overline{a} = \frac{1}{9}(0+2+3+4+5+6+7+8+9) = \frac{44}{9}$$

である．同様に，b, c, d についても X 全体にわたっての平均は

$$\overline{b} = \overline{c} = \overline{d} = \frac{44}{9}$$ となる．よって，すべての X の平均は

$$\overline{X} = \overline{a} + 10\overline{b} + 100\overline{c} + 1000\overline{d}$$

$$= \frac{44}{9}(1 + 10 + 100 + 1000)$$

$$= \frac{48884}{9} \quad \cdots \cdots [答]$$

第1章　Algebra（代数）25問　解答・解説

問題 A−22　（一の位と十の位）

2011以下の正の整数のうち，一の位が3または7であるものすべての積を X とする．X の十の位を求めよ．

(JMO2011予選第5問)

答案例

$$X = (3 \times 7) \times (13 \times 17) \times \cdots \times (2003 \times 2007)$$

の十の位を求めたいので，mod 100 の合同式を利用して考える．
整数 k（$k = 0, 1, 2, \cdots, 200$）に対して，

$$(10k+3)(10k+7) = 100k^2 + 100k + 21 \equiv 21 \pmod{100}$$

が成り立つので，

$$X = (3 \times 7) \times (13 \times 17) \times \cdots \times (2003 \times 2007) \equiv 21^{201} \pmod{100}$$

また，

$$21^5 = (20+1)^5 = \sum_{k=0}^{5} {}_5C_k \cdot 20^k$$

$$= {}_5C_0 \cdot 1 + {}_5C_1 \cdot 20 + {}_5C_2 \cdot 20^2 + \cdots + {}_5C_5 \cdot 20^5$$

$$\equiv 1 \pmod{100}$$

なので，

$$X \equiv 21^{201} \equiv \left(21^5\right)^{40} \times 21$$

$$\equiv 1^{40} \times 21 \equiv 21 \pmod{100}$$

よって，X の十の位は 2　……［答］

第1章　Algebra（代数）25問　解答・解説

問題 A-23（約数すべての積）

正の整数であって，正の約数すべての積が 24^{240} となるようなものをすべて求めよ．

(JMO2012予選第5問)

答案例

正の整数 N の正の約数すべての積を P とする．いま
$$P = 24^{240} = \left(2^3 \cdot 3\right)^{240} = 2^{720} \cdot 3^{240} \quad \cdots\cdots ①$$
であるから，N の素因数は $2, 3$ に限られて，$N = 2^a 3^b$ となる正の整数 a, b が存在する．N の正の約数の個数は，$(a+1)(b+1)$ である．これらすべての積 P を a, b で表すことを考える．

N の約数のひとつ d があるとき，$d \cdot \overline{d} = N$ となる約数 $\overline{d}$ が存在する．N が平方数でないとき（a, b の少なくとも一方が奇数のとき）は，約数の個数 $(a+1)(b+1)$ は偶数で，$d \cdot \overline{d} = N$ となる組 $\{d, \overline{d}\}$ が $\frac{1}{2}(a+1)(b+1)$ 組だけ存在するので，$P = N^{\frac{1}{2}(a+1)(b+1)}$ となる．N が平方数でないとき（a, b ともに偶数のとき）は，約数の個数 $(a+1)(b+1)$ は奇数で，$d = \overline{d} = \sqrt{N}$ となる 1 個があることに注意すると $P = N^{\frac{1}{2}\{(a+1)(b+1)-1\}} \cdot \sqrt{N} = N^{\frac{1}{2}(a+1)(b+1)}$ である．いずれにしても $P = \left(2^a \cdot 3^b\right)^{\frac{1}{2}(a+1)(b+1)} = 2^{\frac{1}{2}a(a+1)(b+1)} \cdot 3^{\frac{1}{2}(a+1)b(b+1)} \quad \cdots\cdots ②$ となる．

①，②より $\frac{1}{2}a(a+1)(b+1) = 720 \quad \cdots\cdots ③$，$\frac{1}{2}(a+1)b(b+1) = 240 \quad \cdots\cdots ④$ を得るのでこれを a, b について解く．③／④から $a = 3b$ となり，④に代入して $(3b+1)b(b+1) = 480$ となる．整理して $(b-5)(3b^2 + 19b + 96) = 0$ となり，$b > 0$ だから $3b^2 + 19b + 96 > 0$ なので $b = 5$，$a = 15$ と決まる．N としてありうるのは $N = 2^{15} 3^5 (= 7962624)$ のみである．　　　……［答］

第 1 章　Algebra（代数）25 問　　解答・解説

問題 𝔄−24　（多項式の係数）

多項式 $(x+1)^3(x+2)^3(x+3)^3$ における x^k の係数を a_k とおく．このとき $a_2+a_4+a_6+a_8$ の値を求めよ．　　　　　（JMO2013予選第4問）

答 案 例

$f(x)=(x+1)^3(x+2)^3(x+3)^3$ とおくと，$f(x)=a_0+a_1x+\cdots+a_9x^9$ でもある．

$x=1$ として，$f(1)=a_0+a_1+a_2+a_3+a_4+a_5+a_6+a_7+a_8+a_9=2^3\cdot 3^3\cdot 4^3$

$x=-1$ として，$f(-1)=a_0-a_1+a_2-a_3+a_4-a_5+a_6-a_7+a_8-a_9=0$

これら2式より $a_0+a_2+a_4+a_6+a_8=\dfrac{1}{2}(2^3\cdot 3^3\cdot 4^3+0)=2^2\cdot 3^3\cdot 4^3=6912$

また $x=0$ として，$f(0)=a_0=1^3\cdot 2^3\cdot 3^3=216$

$$a_2+a_4+a_6+a_8=6912-216=6696\quad\cdots\cdots\text{［答］}$$

問題 𝔄−25　（手を動かしてみる）

$10!$ の正の約数 d すべてについて $\dfrac{1}{d+\sqrt{10!}}$ を足し合わせたものを計算せよ．　　　　　（JMO 2014予選第3問）

答 案 例

$N=10!$ とおく．

$N=2^8\cdot 3^4\cdot 5^2\cdot 7$ の正の約数の個数は $(8+1)(4+1)(2+1)(1+1)=270$

ここで N の約数のひとつを d とすると，$d\cdot\overline{d}=N$ となる $\overline{d}$ もまた N の約数である．このような d と $\overline{d}$ の組が $270\times\dfrac{1}{2}=135$ 組とれる．

$$\dfrac{1}{d+\sqrt{N}}+\dfrac{1}{\overline{d}+\sqrt{N}}=\dfrac{d+\overline{d}+2\sqrt{N}}{\sqrt{N}(d+\overline{d})+2N}=\dfrac{1}{\sqrt{N}}$$

よって，求める和は

$$\dfrac{1}{2}\cdot 270\cdot\dfrac{1}{\sqrt{N}}=\dfrac{135}{\sqrt{2^8\cdot 3^4\cdot 5^2\cdot 7}}=\dfrac{3^3\cdot 5}{2^4\cdot 3^2\cdot 5\sqrt{7}}=\dfrac{3}{16\sqrt{7}}\quad\cdots\cdots\text{［答］}$$

第2章
Combinatorics
（組合せ論）
解答・解説

第2章 Combinatorics(組合せ論)25問 解答・解説

問題 C-1 (ともえ戦の確率)

大相撲で同じ勝ち星の力士が A, B, C の 3 人いたので,優勝決定戦のともえ戦を行うことになった.まず A と B とが対戦し,次には勝った方と C とが対戦する.同じ力士が 2 番続けて勝てば優勝となるが,もし 1 つ前に勝った力士が負ければ,そのときの勝者と 1 つ前に負けた力士とが対戦し,これを繰り返す.

ただし合計 7 戦してまだ優勝者が決まらないときには,そこで打ち切り優勝者なしとする. A, B, C の 3 人とも実力が同じで,どの対戦でも一方が勝つ確率は $\frac{1}{2}$ ずつとするとき,第 1 回目に負けた力士が優勝する確率を求めよ.

(JMO1990予選第4問)

答案例

7試合のすべての勝敗シナリオを書き出すと,次の樹形図のようになる.矢印が分岐している先の 2 名が対戦し,その試合の勝者を矢の先に書き出した.○印がついて,矢の分岐がないのは,優勝が決定した場合を表す.

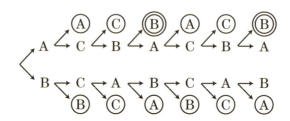

最初に B が A に負けたとする.最初に負けた B が優勝する場合は,図の二重丸で囲った2カ所である.つまり B が優勝する機会は,第 4 回目と第 7 回目にのみ訪れる.求める確率は

$$\left(\frac{1}{2}\right)^3 + \left(\frac{1}{2}\right)^6 = \frac{9}{64} \quad \cdots\cdots \text{[答]}$$

第2章 Combinatorics（組合せ論）25問　解答・解説

問題 C-2 （立方体の辺の中点を通る平面）

立方体の少なくとも3辺の中点を通る平面は何個あるか．

(JMO1991予選第10問)

答案例

辺の中点は12個あって，どの3点も同一直線上にはない．ここから3点を選ぶと平面が1枚きまる．3点のとり方は，$_{12}C_3 = 220$ 通りあるが，この中には重複して数えられている平面が含まれている．

（ⅰ）ちょうど4点が同一平面上にある4点組みは，向かい合う2面と平行なタイプが $3 \times 3 = 9$ 面と，4本の平行な辺に平行なタイプが $4 \times 3 = 12$ 面とがあって，合わせて，21面である．これらの面に含まれる3点のとり方が $_4C_3 \times 21 = 84$ 組あるので，重複分は $84 - 21 = 63$ 面である．

（ⅱ）ちょうど6点が同一平面上にある6点組みは，正六角形になるタイプが4面である．これらの面に含まれる3点のとり方が $_6C_3 \times 4 = 80$ 組あるので，重複分は $80 - 4 = 76$ 面である．

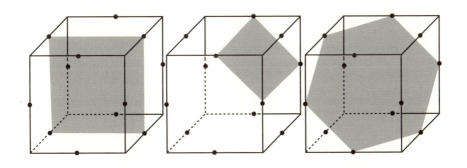

以上から，求める平面の個数は，
$$220 - (63 + 76) = 81 \quad \cdots\cdots \text{［答］}$$

第2章 Combinatorics（組合せ論）25問　解答・解説

問題 C-3（点と線分の色分け）

座標平面上の格子点の集合 A, B を次のように定める．

$$A = \{(x, y) \mid x, y \text{ は正の整数で } 1 \leq x \leq 20, 1 \leq y \leq 20\}$$

$$B = \{(x, y) \mid x, y \text{ は正の整数で } 2 \leq x \leq 19, 2 \leq y \leq 19\}$$

A の点は赤，青のどちらかで塗られている．赤い点は 219 個で，そのうち 180 個は B に含まれる．また，四隅の点 $(1, 1)$, $(1, 20)$, $(20, 1)$, $(20, 20)$ はすべて青とする．ここで水平または垂直方向に隣り合う 2 点を次のように赤，青，黒の線分で結ぶ：

　　2 点とも赤のときは赤の線分，2 点とも青のときは青の線分，
　　2 点が赤と青のときは黒の線分．

（長さ 1 の）黒い線分が 237 個あるとき，（長さ 1 の）青い線分の個数を求めよ．

(JMO1992予選第 9 問)

答案例

赤い点は，B に 180 個，四隅を除く周辺に 39 個，合計で 219 個ある．
青い点は，B に $18^2 - 180 = 144$ 個，四隅に 4 個，四隅を除く周辺に $18 \times 4 - 39 = 33$ 個，合計で 181 個ある．
青い点に結ばれている線分は「青の線分」または「黒の線分（237 本）」のいずれかである．
ひとつの青い点に結ばれている線分は，B の点（144 個）には 4 本ずつ，四隅の点（4 個）には 2 本ずつ，四隅を除く周辺の点（33 個）には 3 本ずつである．重複も許した上で合計すると，$4 \times 144 + 2 \times 4 + 3 \times 33 = 683$ 本である．ここから黒の線分（237 本）を引くと $683 - 237 = 446$ 本となる．しかしこれらはすべて両端の青い点から二重に数えている．
よって，実際の青い線分の本数は，

　　$446 \div 2 = 223$ 本　……［答］

第2章 Combinatorics（組合せ論）25問　解答・解説

問題 C-4 （連続対戦での勝敗パターン）

一方が3ゲーム勝越したとき優勝者が決まるというルールで，A, Bの2人が競技を行った．ちょうど9ゲーム目でAが6勝3敗となり，3ゲーム勝越して優勝した．このとき考えられる9ゲームの勝敗パターンは何通りあるか．

(JMO1993予選第7問)

答案例

xy平面上の格子点で勝敗を表すことにする．
原点から出発し，Aが勝つと右に．Bが勝つと上に1だけ動くとする．
$(6,3)$でAが優勝するので，$(0,0)$を出発し$(6,3)$に至るまでの可能な勝敗の経過は図の点線で示される．なお，$(0,3)$や$(3,0)$，$(4,1)$などの点は，9ゲームより前に優勝者が決まる場合を表すから，通らない．

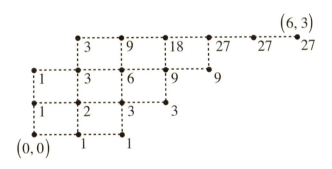

原点から各格子点への道の個数を書き込んでいくことで，勝敗パターンの数は，

　　　　27　……［答］

とわかる．

第 2 章　Combinatorics（組合せ論）25問　　解答・解説

問題 C-5　（円順列の数）

赤い椅子 5 個と白い椅子 5 個を円状に並べる並べ方は何通りあるか．ただし，同色の椅子は区別せず，回転して同じ順序になる配置は同じ並べ方とみなす．

(JMO1994予選第 7 問)

答案例

まず赤椅子（●印）5 個を円状に並べておいて，それらの間に白椅子を挿入することを考える．

（ⅰ）5 個の白椅子をまとめて，1 つのすき間に入れる；
　　どの間に入れても回転すると同じなので，この並べ方は 1 通り．

（ⅱ）白椅子を 2 つのすき間（○印）に入れる；
　　間の選び方は図の 2 通りで，5 個の白椅子の 2 ヶ所への分配は $(1,4)$，$(4,1)$，$(2,3)$，$(3,2)$ 個の入れ方がある．並べ方は
　　　　$2 \times 4 = 8$ 通り．

（ⅲ）白椅子を 3 つのすき間（○印）に入れる；
　　間の選び方は図の 2 通りで，5 個の白椅子の 2 ヶ所への分配は $(1,1,3)$，$(1,3,1)$，$(3,1,1)$ 個と $(1,2,2)$，$(2,1,2)$，$(2,2,1)$ 個の入れ方がある．並べ方は $2 \times 6 = 12$ 通り．

（ⅳ）白椅子を 4 つのすき間に入れる；
　　間の選び方は 1 通りで，5 個の白椅子の 4 ヶ所への分配は，
　　$(1,1,1,2)$，$(1,1,2,1)$，$(1,2,1,1)$，$(2,1,1,1)$ 個
　　の入れ方がある．並べ方は 4 通り．

（ⅴ）白椅子を 5 つのすき間に入れる；1 通り．

以上（ⅰ）～（ⅴ）を合わせて，並べ方は
　　　　26 通り　……［答］

第 2 章　Combinatorics（組合せ論）25問　解答・解説

問題 C-6　（着席方法の数）

4 組の夫婦が映画を見に行く．横 1 列にこの 8 人が座るときの並び方は何通りあるか．ただし，女性の隣にはその人の夫かあるいは女性だけが座ることができるものとする．

(JMO1995予選第6問)

答案例

女性と女性の間には 0 人または 2 人以上の男性が座らなければならない．女性 F と男性 M の並び方のタイプを書き出すと，次のような 11 の型がある．このうち [5],[8],[10],[11] の 4 つの型は線対称である．残りの 7 つの型についてはその線対称形を別の型として考慮すると合計 18 個の型がある．それぞれの型において女性の並び方は 4! 通りある．女性の隣の男性は女性の夫と決まるので，それ以外の男性の並び方を数える．

型 1 ： | F | F | F | F | M | M | M | M |　$3! \times 2$ 通り，

型 2 ： | F | F | F | M | M | M | M | F |　$2! \times 2$ 通り，

型 3 ： | F | F | M | M | F | M | M | M | (※)　$1! \times 2$ 通り，

型 4 ： | F | F | M | M | M | M | F | M |　$1! \times 2$ 通り，

型 [5] ： | F | F | M | M | M | M | F | F |　$2!$ 通り，

型 6 ： | F | M | M | F | M | M | F | M |　$1! \times 2$ 通り，

型 7 ： | F | M | M | M | M | F | F | M |　$1! \times 2$ 通り，

型 [8] ： | F | M | M | M | M | F | M | F |　$1!$ 通り，

型 9 ： | M | F | F | F | F | M | M | M |　$2! \times 2$ 通り，

型 [10] ： | M | M | F | F | F | F | M | M |　$2!$ 通り，

型 [11] ： | M | F | F | M | M | F | F | M |　1 通り

である．よって，並び方の総数は，

$4! \times (3! \times 2 + 2! \times 2 + 1! \times 2 + 1! \times 2 + 2! + 1! \times 2 + 1! \times 2 + 1! + 2! \times 2 + 2! + 1)$

$= 24 \times 34 = 816$　……［答］

第 2 章　Combinatorics（組合せ論）25問　　解答・解説

問題 C-7 （碁石の配列の数）

白石 5 個と黒石 10 個を横一列に並べる．どの白石の右隣にも必ず黒石が並んでいるような並べ方は全部で何通りあるか．

(JMO1996予選第 2 問)

答案例 1

白石を○で，黒石を●で表す．各○とその右隣に置かれた●とを合わせて 1 組の「○●」と考える．5 組の「○●」と 5 個の「●」を一列に並べる組み合わせを考えればよいので，$_{10}C_5 = 252$ 通り．　……［答］

答案例 2

最初に黒石 10 個を一列に並べ，その後，黒石どうしの間と左端の黒石の左隣の，合計 10 ヶ所のうち 5 ヶ所を選んで白石を入れていく組み合わせを考えればよいので，$_{10}C_5 = 252$ 通り．　……［答］

問題 C-8 （線分の端点の個数）

平面上に異なる 30 本の線分を描くとき，これらの線分の端点として得られる点の中で，異なる点は最小限何個できるか．

(JMO1997予選第 2 問)

答案例

平面上に m 個の点があるとき，これらの 2 点を結んでできる線分の総数は $_mC_2 = \dfrac{m(m-1)}{2}$ 個である．

ここで $_8C_2 = 28$，$_9C_2 = 36$ であるから，$_mC_2 \geq 30$ となるために必要な点の個数の最小値は $m = 9$ である．　……［答］

第2章 Combinatorics（組合せ論）25問　解答・解説

問題 C-9 （最高位の数字）

$a_n = 1998 \times 2^{n-1}$（$n$ は整数で $1 \leq n \leq 100$）とする．$a_1, \cdots, a_{100}$ のうちで，十進法で表すとき最高位の数字が 1 であるものは何個あるか．

(JMO1998予選第7問)

答案例

$a_1 = 1998$ は 4 桁の数で，最高位の数字が 1 である．

次に，$a_{100} = 1998 \times 2^{100-1} = 10^3 \times 0.999 \times 2^{100}$ の桁数について調べる．

ここで，$2^{10} = 1.024 \times 10^3$ より $2^{100} = 1.024^{10} \times 10^{30}$ であることに注意すると

$$a_{100} = (0.999 \times 1.024^{10}) \times 10^{33}$$

さらに $1 \leq (0.999 \times 1.024^{10}) < 1.1^{10} < e < 10$ なので a_{100} は 34 桁の数である．

ここでは，$e = \lim_{n \to \infty}\left(1 + \dfrac{1}{n}\right)^n$ であることと，$\left\{\left(1 + \dfrac{1}{n}\right)^n\right\}$ が単調増加数列であることを用いている．

一般に a_i が k 桁の数で $a_{i+1} = 2a_i$ が $k+1$ 桁の数ならば，

　　a_{i+1} の最高位は 1 で，a_{i+2} の最高位の数は 2 以上である．

$a_1, \cdots, a_{100}$ は 4 桁から 34 桁までの数であるが，上の事実により，各 k（$4 \leq k \leq 34$）に対し，k 桁の数で最高位が 1 であるものがちょうど 1 個ずつ存在する．

したがって，求める個数は

　　$34 - 4 + 1 = 31$　……［答］

第2章 Combinatorics（組合せ論）25問　解答・解説

問題 C-10 （両替のパターンの数）

10円玉，50円玉，100円玉がそれぞれ十分多くある．これらのうちから何個か（0個のものがあってもよい）取り出して，その合計金額を1000円とする方法が何通りあるか．

(JMO1999予選第1問)

答案例

$50n$ 円を10円玉と50円玉で作る方法を考える．これは，50円玉の個数 $0, 1, \cdots, n$ を決めれば残りを10円玉でつくればよいので，$(n+1)$ 通りある．1000円のうち100円玉を k 枚 $(0 \leq k \leq 10)$ 使うとする．

残りの $(1000 - 100k) = 50(20 - 2k)$ 円を10円玉と50円玉で作る方法は，$(20 - 2k) + 1 = 21 - 2k$ 通りである．したがって，求める場合の数は

$$\sum_{k=0}^{10}(21 - 2k) = 21 + 19 + \cdots + 3 + 1 = \frac{1}{2}(21 + 1) \times 11 = 121 \quad \cdots\cdots \text{［答］}$$

予選と本選 闘い方のちがい (1)

本書の中で何度か触れているように，ＪＭＯの予選（1月実施）は短答式（結果のみを問う），本選（2月実施）は記述式（結果だけでなく考えのプロセスを書く）という形式の違いがあります．時間設定は，予選が3時間で12題，本選が4時間で5題となっていて，問題のレベルも本選の方が高いので，おのずと闘い方にも違いがあります．

本書に取り組んでくれているみなさんは，当面はＪＭＯの予選突破をめざしているのだと思います．一方，つよい数学格闘家は，予選を闘う段階で，本選まで見据えた準備をしています．予選を闘い終えてからの1ヶ月で本選の準備をするのは，現実的に厳しいからです．

そこで，予選の過去問等を本書で学びながらも，本選まで視野に入れた準備をするにはどうしたらよいのかを，考えていきましょう．

第 2 章　Combinatorics（組合せ論）25 問　　解答・解説

問題 C-11 （整数の組の個数）

2 以上の自然数 n に対して，
$$0 \leq x < x+y < y+z \leq n$$
をみたす整数の組 (x, y, z) の総数を求めよ．

(JMO2000 予選第 7 問)

答案例

$x \geq 0, y \geq 1, z \geq 1$ に注意して，$x = a, \ x+y-1 = b, \ y+z-2 = c$ とおくと，(x,y,z) と (a,b,c) は 1 対 1 に対応する．

条件 $0 \leq x < x+y < y+z \leq n$ から，$0 \leq x \leq x+(y-1) \leq (y-1)+(z-1) \leq n-2$
すなわち $0 \leq a \leq b \leq c \leq n-2$ を得る．

よって，$n-1$ 個の数 $\{0, 1, 2, \ldots, n-2\}$ の中から重複を許して 3 個を選び，小さい順に a, b, c とすればよい．求める組の総数は，
$$_{n-1}H_3 = {}_{n+1}C_3 = \frac{1}{6}n(n^2-1) \quad \cdots\cdots \text{［答］}$$

［公式］${}_nH_r = {}_{n+r-1}C_r$ については本書 160 ページを参照．

予選と本選　闘い方のちがい (2)

あとがき（174 ページ）でも触れていますが，短答式試験である予選大会は，極論を言えば「結果を合わせた者が勝つ」ルールです．したがって，とにかく答え（結論）を合わせるように試合を進めることにしましょう．

ところが，本選になると，ヤマ勘を働かせて結論を合わせても，結果が合っているだけでは，（1 題が 8 点満点として）1 ～ 2 点程度しかもらえないでしょう．「結論が合う」ことから「根拠を述べる」ことへ，勝負の重心が動くのです．これは，短期間の準備では困難です．日常の数学学習の姿勢を見直す必要があります．多くの高校生は，問題の解き方を覚えることが数学の学習だと思っています．

これが，大きな勘違いなのです！

第2章 Combinatorics（組合せ論）25問　解答・解説

問題 C-12　（マス目の埋め方）

4×4 のマス目をつくり，1 から 4 までの数字をそれぞれ 4 つずつ書きこむ．ただし，以下の 3 つの条件をみたすとする．

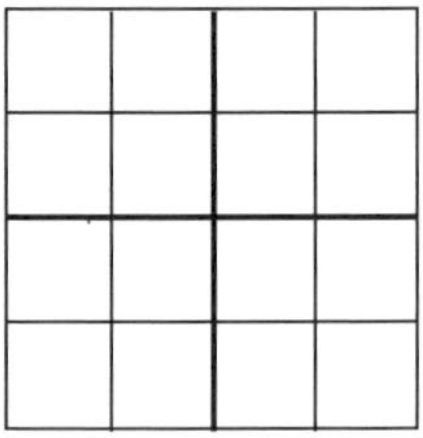

1. 各行には 1, 2, 3, 4 が 1 回ずつあらわれる．
2. 各列には 1, 2, 3, 4 が 1 回ずつあらわれる．
3. 全体を図のように太線で 4 つの部分に分けたとき，各部分に 1, 2, 3, 4 が 1 回ずつあらわれる．

このような数字の書きこみ方は何通りあるか．

(JMO2001予選第7問)

答案例

左上の 2×2 のマス目には 1,2,3,4 を任意にいれられるので，この部分の配置は 4!=24 通りである．その部分が $\begin{array}{|c|c|}\hline 1 & 2 \\\hline 3 & 4 \\\hline\end{array}$ となっていると仮定する．

すると右上の部分の上の行には $\boxed{3\ 4}$ か $\boxed{4\ 3}$ が，下の行には $\boxed{1\ 2}$ か $\boxed{2\ 1}$ が入るので，この部分の配置は下の (i), (ii) の 2×2=4 通り．

(i) 上半分が $\begin{array}{|c|c|c|c|}\hline 1 & 2 & 3 & 4 \\\hline 3 & 4 & 1 & 2 \\\hline\end{array}$ または $\begin{array}{|c|c|c|c|}\hline 1 & 2 & 4 & 3 \\\hline 3 & 4 & 2 & 1 \\\hline\end{array}$ のとき；左下の部分の

左の列には $\begin{array}{|c|}\hline 2 \\\hline 4 \\\hline\end{array}$ か $\begin{array}{|c|}\hline 4 \\\hline 2 \\\hline\end{array}$ が，右の列には $\begin{array}{|c|}\hline 1 \\\hline 3 \\\hline\end{array}$ か $\begin{array}{|c|}\hline 3 \\\hline 1 \\\hline\end{array}$ が入るので 2×2=4

通りある．これらの各々で，右下の部分は一通りに決まる．

(ii) 上半分が $\begin{array}{|c|c|c|c|}\hline 1 & 2 & 3 & 4 \\\hline 3 & 4 & 2 & 1 \\\hline\end{array}$ または $\begin{array}{|c|c|c|c|}\hline 1 & 2 & 4 & 3 \\\hline 3 & 4 & 1 & 2 \\\hline\end{array}$ のとき；左下の部分の

配置を考える．すると 2, 3 は横にも縦にも入らず，斜めに入るので，2

通りある．これらの各々で，右下の部分は一通りに決まる．

よって求める書き方の総数は $4! \times (2 \cdot 2 \cdot 2 + 2 \cdot 2 \cdot 1) = 288$　……[答]

第2章 Combinatorics（組合せ論）25問　解答・解説

問題 C-13 （選択の個数）

1以上14以下の整数から，相異なる2つの数を選ぶとき，その差の絶対値が3以下であるような2つの数の組は何組あるか．ただし，2つの数のどちらを先に選んでも同じ組と考える．

(JMO2002予選第2問)

答案例1

まず2つの数の個数をどちらの数を先に選ぶかの順序をつけて数えてみる．先に選ぶ数が1のとき，後に選ばれる差の絶対値が3以下となる数は2, 3, 4の3個．先に選ぶ数が2のとき1, 3, 4, 5の4個．

先に選ぶ数が3のとき1, 2, 4, 5, 6の5個．

先に選ぶ数が4のとき1, 2, 3, 5, 6, 7の6個．

先に選ぶ数が5のとき2, 3, 4, 6, 7, 8の6個．

....

先に選ぶ数が11のとき8, 9, 10, 12, 13, 14の6個．

先に選ぶ数が12のとき9, 10, 11, 13, 14の5個．

先に選ぶ数が13のとき10, 11, 12, 14の4個．

先に選ぶ数が14のとき11, 12, 13の3個．

これらを合計すると72個である．
実際には順序の違いを区別しないので，求める組の個数は上で考えた個数の半分となる．よって，36個　……[答]

答案例2

$1 \leq x < y \leq 14$ なる整数 x, y に対して，$y - x > 3$ であるための必要十分条件は，$1 \leq x < y - 3 \leq 11$ である．

したがって，14以下の自然数から，差が3より大きい2数を選ぶ方法の数は，11以下の自然数から，相異なる2数を選ぶ方法の数に等しく，$_{11}C_2$ 通りである．求める組の個数は，$_{14}C_2 - {}_{11}C_2 = 91 - 55 = 36$ 組　……[答]

第2章　Combinatorics（組合せ論）25問　　解答・解説

問題 C-14　(円順列)

赤，青，黄の3色のいすが3脚ずつある．この9脚の椅子を円卓の周りに等間隔に配置する方法は何通りあるか．

ただし，ある配置を単に回転した並べ方は別の配置として数えはせず，もとの配置と同一であると考える．しかし，ある配置を反時計回りにたどったときの椅子の並びが，別の配置を時計回りにたどったときの並びに一致しても，それらは2つの別々な配置として数える．

(JMO2003予選第7問)

答案例

まず，9個の椅子を一列に並べる場合には，その方法は

$$\frac{9!}{3!3!3!} = 1680$$

通りである．この中で，回転により一致する配置は同一とみなし，裏返しにより一致する配置は区別することに注意する．

図のように，3脚分（120°）回転すると一致するような配置がある．これを一列に配置するものは，（赤，青，黄）の順列を3回繰り返すもので，$3! = 6$ 通り．

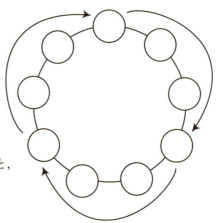

よって，1680通りの順列は，3脚分の回転により一致する6通りと，回転により一致しない1674通りに分けられる．

それぞれについて，円順列になおすと，全部で

$$\frac{6}{3} + \frac{1674}{9} = 2 + 186 = 188 \text{ 通り} \quad \cdots\cdots [答]$$

第2章　Combinatorics（組合せ論）25問　解答・解説

問題 C-15　（硬貨の確率）

机の上にある何枚かの硬貨を同時に投げ，裏が出た硬貨だけをみな机の上から取り除くという操作を考える．机の上に 3 枚の硬貨がある状態から始めて，硬貨がすべて取り除かれるまで，この操作を繰り返す．操作が 4 回以上行われる確率を求めよ．

(JMO2004予選第3問)

答案例

1 枚の硬貨を 3 回投げたとき，少なくとも 1 回は裏が出る確率は

$$1 - \left(\frac{1}{2}\right)^3 = \frac{7}{8}$$

したがって，3 枚の硬貨を同時に投げることを 3 回行ったとき，3 枚とも少なくとも 1 回は裏が出る確率は

$$\left(\frac{7}{8}\right)^3 = \frac{343}{512}$$

求める確率は，初めの 3 回の硬貨投げで 3 回とも表が出る硬貨が，3 枚のうち少なくとも 1 枚存在する確率である．

$$1 - \frac{343}{512} = \frac{169}{512} \quad \cdots\cdots \text{［答］}$$

このルールで「操作が 4 回以上行われる」とはどういうことか．事象の内容を，正確に言語化することが求められる．あるレベル以上の数学では，《ことばの闘い》になるのだ．

第2章 Combinatorics（組合せ論）25問　解答・解説

問題 C–16　（席が埋まる順）

7つの席に区切られた長椅子に，7人の人が1人ずつ来て座る．ただし，他人と隣りあわない席が残っているうちは，どの人も他人の隣には座らない．席が埋まってゆく順は何通りあるか．

(JMO2005予選第8問)

答案例

他人と隣り合わない席がとりつくされる瞬間の長椅子の状態は，次の①〜⑦のいずれかである（ • は埋まっている席を表す）．

① | • | | • | | • | | • |
② | • | | • | | • | | |
③ | • | | • | | | | • |
④ | • | | | | • | | • |
⑤ | | • | | • | | • | |
⑥ | | • | | • | | | • |
⑦ | | • | | | | • | |

①の場合；席が埋まる順は，• は $4!$ 通り，残りは $3!$ 通りがある．

②〜⑦の場合；席が埋まる順は，• は $3!$ 通り，残りは $4!$ 通りがある．

これらを合わせて，

$$4! \cdot 3! + 6 \cdot 3! \cdot 4! = 7 \cdot 3! \cdot 4!$$
$$= 1008 \text{ 通り} \quad \cdots\cdots \text{［答］}$$

第 2 章　Combinatorics（組合せ論）25 問　　解答・解説

問題 C-17　（塗り分けの数）

3×3 のマス目があり，各マスを赤または青で塗りつぶす．赤いマスのみからなる 2×2 の正方形も，青いマスのみからなる 2×2 の正方形もできないような塗り方は何通りあるか．

ただし，回転や裏返しにより重なりあう塗り方も異なるものとして数える．

(JMO2006 予選第 6 問)

答案例

中央のマスを赤く塗る場合について数えてから 2 倍する．

	A	
D	赤	B
	C	

の A,B,C,D のうち，何マスを赤く塗るかで場合を分ける．

2×2 の正方形には必ず中央のマスが含まれることに注意する．

・赤が 0 マスの場合．

どのように隅の 4 マスを塗っても，赤マスのみからなる 2×2 の正方形はできないので，残る 4 マスを任意の色で塗ってよい．$2^4 = 16$ 通り．

・赤が 1 マスの場合．

この場合も同様に，4 マスを任意の色で塗ることができる．赤く塗る 1 マスの選び方は 4 通りであるので，$4 \times 2^4 = 64$ 通り．

・赤が 2 マスの場合

	赤	
D	赤	B
	赤	

または

	A	
赤	赤	赤
	C	

である場合は，やはり 4 マスを任意の色で塗ってよい．$2 \times 2^4 = 32$ 通り．

85

それ以外の場合（たとえば

	赤	
D	赤	赤
C		

）は，隅のマス1つは赤マスで挟まれているので青で塗らなければならない．他のマスは任意の色で塗ってよい．$4 \times 2^3 = 32$ 通り．

・赤が3マスの場合．
隅のマス2つが赤マスに挟まれているので，これらは青で塗らなければならない．他のマスは任意の色で塗ってよい．$4 \times 2^2 = 16$ 通り．

・赤が4マスの場合．
　隅のマスはすべて青で塗らなければならない．1通り．

以上から，$(16 + 64 + 32 + 32 + 16 + 1) \times 2 = 322$ 通り　……［答］

予選と本選 闘い方のちがい (3)

　JMO本選に勝てるくらいの数学格闘家になるには「問題の解き方を覚える学習」から，直ちに卒業する必要があります．そこで，「この問題をどうやって解くのか」の前に，「たしかに言えること（主張）は何か」ということを意識しましょう．ここでいう「たしかに」とは"probably"（たぶん，おそらく）では足りません．"surely"（必ず，確実に）が要求されます．しかし，問題を解く際に，最初から確実なことが分かるわけではありません．「たぶん……だろう」（予想・仮説）から始めて，「でも，必ず言えるのだろうか」と疑って，根拠を探し求める．根拠が言えたとき（証明），確実な主張（命題）が得られるのです．これが，数学の営みです．《あらゆる主張に根拠が伴う》というのが数学の《規範》なのです．

第 2 章　Combinatorics（組合せ論）25 問　　解答・解説

問題 C–18 （平面の分割）

平面上に 3 つの長方形があり，どの 2 つの長方形も互いに平行な辺をもつ．これらの長方形によって，平面は最大でいくつの部分に分割されるか．

ただし，どの長方形にも含まれない部分も 1 つと数える．たとえば長方形が 1 つあるときは，平面は 2 つの部分に分割される．

（JMO2007 予選第 5 問）

答 案 例

一般に，互いに平行な辺をもつ n 個の長方形があるとき，平面は最大で何個の部分に分割されるかという問題を考える．

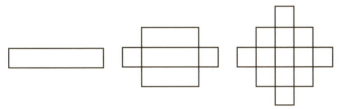

$n=1,2,3$ のとき，図のように長方形をおくことで，平面はそれぞれ 2 個，6 個，14 個の部分に分割される（この時点で本問の答えは 14 個ではないかと予想が立つ）．

互いに平行な辺をもつ n 個の長方形の $4n$ 個の頂点が，図のように，点線の正方形の各辺を $n+1$ 等分するような位置に置かれている場合を考える．このとき，n 個の長方形が，平面を a_n 個の部分に分割しているとする．

長方形を 1 つ増やして，$n+1$ 個の長方形がある場合を考える．1 つ増やした長方形 R は，他の n 個の長方形と $4n$ 個の交点をもつ．これらの交点たちによって，R の周囲は $4n$ 個の部分に分割されて，これらの 1 つ 1 つが平面を分割して 1 つずつ新領域をつくる．

第2章 Combinatorics（組合せ論）25問　解答・解説

$$a_{n+1} = a_n + 4n$$

よって $n \geq 2$ のとき，$a_n = a_1 + \sum_{k=1}^{n-1} 4k = 2 + 4 \cdot \dfrac{1}{2}(n-1)n = 2n^2 - 2n + 2$

この式は，$n=1$ のときにも $a_1 = 2$ となって成り立つ．これは，最大の分割を与えるのだろうか．

［補題］互いに平行な辺をもつ n 個の長方形をどのようにとっても，平面は高々 $2n^2 - 2n + 2$ 個の領域にしか分割されない．

（証明）n に関する帰納法で証明する．

$n=1$ のとき；確かに 2 個の部分に分割される．

$n=k$ まで示されていると仮定し，$n=k+1$ の場合を示す．互いに平行な辺をもつ $k+1$ 個の長方形 $R_1, \cdots, R_{k+1}$ をとる．このうちの k 個の長方形 $R_1, \cdots, R_k$ によって平面が $N(k)$ 個の領域に分割されているとすると，帰納法の仮定より $N(k) \leq 2k^2 - 2k + 2$ である．

長方形 R_{k+1} が，他の長方形と共有する交点の個数は高々 4 個だから，他の k 個の長方形との交点の総数を m とすると，$m \leq 4k$ である．交点は高々 4 個だから $l \leq 4k$．

長方形 R_{k+1} の周囲は，m 個の交点によって m 個の線分または折れ線に分割される．k 個の長方形 $R_1, \cdots, R_k$ によってすでに分割されている $N(k)$ 個の領域に，これらの線分または折れ線を書き加えていくとき，1 つの線分または折れ線によって領域の個数は高々 1 しか増えない．すべての線分または折れ線を追加しても，領域の個数は高々 m 個しか増えない．したがって，長方形 $R_1, \cdots, R_{k+1}$ によって得られる領域の個数 $N(k+1)$ は，

$$N(k+1) \leq N(k) + m \leq (2k^2 - 2k + 2) + 4k = 2(k+1)^2 - 2(k+1) + 2$$

を超えることはない．これで［補題］を倒した．

本問では $k=3$ として，$N(3) \leq 2 \cdot 3^2 - 2 \cdot 3 + 2 = 14$ より，平面は最大で 14 個 ……［答］の部分に分割される．

第2章 Combinatorics（組合せ論）25問　解答・解説

問題 C-19 （条件をみたす順列）

2, 3, 4, 5, 6 の数が書かれたカードが1枚ずつ，合計5枚ある．これらのカードを無作為に横一列に並べたとき，どの $i = 1, 2, 3, 4, 5$ に対しても左から i 番目のカードに書かれた数が i 以上となる確率を求めよ．

(JMO2008予選第5問)

答案例

左から i 番目のカードに書かれた数を a_i とする．

a_1	a_2	a_3	a_4	a_5

a_1, a_2, a_3, a_4, a_5 の順列は $5! = 120$ 通りだけある．

このうち，すべての i $(1 \leq i \leq 5)$ に対して $a_i \geq i$ である場合を数える．

$a_5 \geq 5$ より，a_5 としては $5, 6$ の2通りがある．

$a_4 \geq 4$ より，a_4 は $4, 5, 6$ のうち a_5 と異なる2通りがある．

$a_3 \geq 3$ より，a_3 は $3, 4, 5, 6$ のうち a_4, a_5 と異なる2通りがある．

a_2 は $2, 3, 4, 5, 6$ のうち a_3, a_4, a_5 と異なる2通りがある．

a_1 は残りの1通りに決まり，$a_1 \geq 1$ は必ず成り立つ．

よって，求める確率は，

$$\frac{2 \times 2 \times 2 \times 2 \times 1}{5 \times 4 \times 3 \times 2 \times 1} = \frac{2}{15} \quad \cdots\cdots \text{［答］}$$

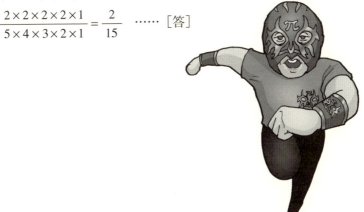

第2章　Combinatorics（組合せ論）25問　解答・解説

問題 C-20 （3色の配列）

赤い玉6個，青い玉3個，黄色い玉3個を一列に並べる．隣りあうどの2つの玉も異なる色であるような並べ方は何通りあるか．ただし，同じ色の玉は区別しないものとする．

(JMO2009予選第5問)

答案例

赤い玉（R）どうしが隣りあわないことから，青い玉と黄色い玉が隣りあう場所は，ないか，あっても1箇所である．

青い玉と黄色い玉が隣りあわないとき；
赤い玉6個と他の色の玉6個が交互に並ぶ．

　　　$R\ X\ R\ X\ R\ X\ R\ X\ R\ X\ R\ X$　　（X は青または黄）

　　　$X\ R\ X\ R\ X\ R\ X\ R\ X\ R\ X\ R$　　（X は青または黄）

左端が赤い玉であるとき他の色の玉の並べ方を考えて，${}_6C_3 = 20$ 通りある．
左端が他の色の玉であるときも同様で，$20 \times 2 = 40$ 通りある．

青い玉と黄色い玉が隣りあうとき；
この2個の玉をひとまとまりとみて，赤い玉6個の間（5箇所）に青い玉と黄色い玉のまとまり1個，青い玉2個，黄色い玉2個を1つずつ挿入する方法は

$$\ {}_5C_1 \times {}_4C_2 = 30\ 通り$$

だけある．
隣りあう青い玉と黄色い玉の順序交換を考えて，

$$30 \times 2 = 60\ 通り$$

だけある．

以上より，求める場合の数は

$$40 + 60 = 100\ 通り \quad \cdots\cdots [答]$$

第2章 Combinatorics（組合せ論）25問　解答・解説

問題 C-21 （架橋の方法）

赤色の島，青色の島，黄色の島がそれぞれちょうど3つずつある．これらの島に次の2条件をみたすようにいくつかの橋をかける．

- どの2つの島も，1本の橋で結ばれているか結ばれていないかのいずれかであって，橋の両端は相異なる2つの島につながっている．
- 同色の2つの島を選ぶと，その2つの島は橋で直接結ばれておらず，その2つの島の両方と直接結ばれている島も存在しない．

橋のかけ方は何通りあるか．ただし，1本も橋をかけない場合も1通りと数える．

(JMO2010予選第6問)

答案例

R_1, R_2, R_3 を赤色の島，B_1, B_2, B_3 を青色の島，Y_1, Y_2, Y_3 を黄色の島とする．まず，赤色と青色の6つの島に限定し，これらの間の橋のかけ方を考える．以下 i, j, k は1から3までのいずれかの値をとるとして，R_i が B_j と結ばれているとき，B_j は $R_k (k \neq i)$ とは結ばれない．よって，R_i は B_j の高々ひとつとしか結ばれることはなく，B_j も R_i の高々ひとつとしか結ばれない．そこで，R_i と B_j を結ぶ橋の数が k 本のとき（$0 \leq k \leq 3$），R_i と B_j を k 個ずつ選んでから k 本の橋をかける順列を考えて $({}_3C_k)^2 \times k!$ 通りの橋のかけ方がある．$0 \leq k \leq 3$ にわたって加えると，

$$({}_3C_0)^2 \times 0! + ({}_3C_1)^2 \times 1! + ({}_3C_2)^2 \times 2! + ({}_3C_3)^2 \times 3!$$
$$= 1 + 9 + 18 + 6 = 34$$

通りである．

次に，青色と黄色の6つの島についても34通りの橋のかけ方がある．また，黄色と赤色の6つの島についても34通りの橋のかけ方がある．R_i と B_j を結ぶとき，R_i も B_j も Y_k と結ぶことができる．つまり，2つの色の島の間の橋のかけ方が，他の色の島との間での橋のかけ方を制限することはない．求める橋のかけ方の数は，

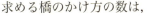

$$34 \times 34 \times 34 = 39304 \text{ 通り} \quad \cdots\cdots [答]$$

第 2 章　Combinatorics（組合せ論）25 問　　解答・解説

問題 C–22 （条件を満たす整数の配置）

3×3 のマス目があり，1 以上 9 以下の整数がそれぞれ 1 回ずつ現れるように各マスに 1 つずつ書かれている．各列に対し，そこに書かれた 3 つの数のうち 2 番目に大きな数にそれぞれ印をつけると，印のついた 3 つの数のうち 2 番目に大きな数が 5 になった．このとき，9 個の整数の配置として考えられるものは何通りあるか．

(JMO2011 予選第 7 問)

答案例

[補題] 問題文のルールで印をつけるとき，5 に印がつくならば，5 は必ず印のついた数のうち 2 番目に大きな数になる．

（証明）5 に印がついたとすると，5 と同じ列に 4 以下の数がちょうど 1 つ存在するので，5 が書かれていない 2 列に 4 以下の数は合わせて 3 つ存在する．このことから，4 以下の数が 2 つ以上書かれた列が存在することがわかる．その列で 2 番目に大きな数は 4 以下なので，印のついた 4 以下の数が 1 つ以上存在する．同様に，印のついた 6 以上の数も 1 つ以上存在する．よって，5 は印のついた数のうち 2 番目に大きな数である．

[補題] により，5 に印がつく配置の数を求めればよい．

　　5 を含む列の選択が 3 通り．
　　5 と同じ列に書かれた数の組が $4^2 = 16$ 通り．
　　5 を含む列の 3 つの数の並び方が $3! = 6$ 通り．
　　残り 6 つの数の配置が $6! = 720$ 通り．

以上から，求める配置の数は，
　　　　$3 \cdot 16 \cdot 6 \cdot 720 = 207360$ 通り　……［答］

第2章 Combinatorics（組合せ論）25問　解答・解説

問題 C-23 （マス目の塗り方）

2×100 のマス目があり，各マスを赤または青で塗りつぶす．以下の2つの条件をともにみたすような塗り方は何通りあるか．ただし，回転や裏返しにより重なりあう塗り方も異なるものとして数える．

- 赤く塗られたマスも青く塗られたマスもそれぞれ1つ以上存在する．
- 赤く塗られたマス全体は1つに繋がっており，青く塗られたマス全体も1つに繋がっている．ここで，異なる2つのマスは辺を共有するときに繋がっていると考える．

(JMO2012予選第6問)

答案例

条件をみたすように塗ったとき，マス目全体の外周を1周すると，たどっている辺を含むマスの色が赤から青に変わる部分と青から赤に変わる部分がちょうど1回ずつ現れる．

色が変わる部分は，マス目の周囲上で2マスが共有している 200 個の点（○）のいずれかであり，これらのうちから2個の点（●）を選ぶと赤いマス（R）と青いマス（B）の境界線（折れ線）が決まる．

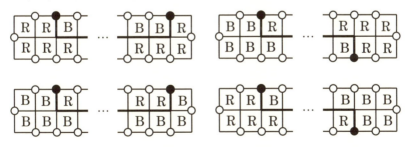

したがって，条件をみたす塗り方は，赤から青に変わる点と青から赤に変わる点を1個ずつ選ぶことに対応する．その個数は，

$$200 \times 199 = 39800 \text{ 通り} \quad \cdots\cdots \text{［答］}$$

第 2 章 Combinatorics（組合せ論）25 問　解答・解説

問題 C-24 （マス目の数列）

縦 20 マス，横 13 マスの長方形のマス目が 2 つある．それぞれのマス目の各マスに，以下のように 1, 2, $\cdots$, 260 の整数を書く：

- 一方のマス目には，最も上の行に左から右へ 1, 2, $\cdots$, 13，上から 2 番目の行に左から右へ 14, 15, $\cdots$, 26，最も下の行に左から右へ 248, 249, $\cdots$, 260 と書く．
- もう一方のマス目には，最も右の列に上から下へ 1, 2, $\cdots$, 20，右から 2 番目の列に上から下へ 21, 22, $\cdots$, 40，最も左の列に上から下へ 241, 242, $\cdots$, 260 と書く．

どちらのマス目でも同じ位置のマスに書かれるような整数をすべて求めよ．

(JMO2013 予選第 2 問)

答案例

上から m 行目，左から n 列目のマスに書かれる数は，各々のマス目においてそれぞれ $13(m-1)+n$，$20(13-n)+m$ である．これらが等しいとき，

$$13(m-1)+n = 20(13-n)+m$$
$$12m+21n = 21\times 13$$
$$4m = 7(13-n) \cdots\cdots ①$$

$4m$ が 7 の倍数であり，4, 7 は互いに素であるから，m は 7 の倍数となることが必要である．
$1 \le i \le 20$ より $m = 7, 14$ を得る．

$m = 7$ のとき；①から $n = 9$ で，$13(m-1)+n = 20(13-n)+m = 87$
$m = 14$ のとき；①から $n = 5$ で，$13(m-1)+n = 20(13-n)+m = 174$

よって，求める整数は
87, 174　……[答]

第2章 Combinatorics（組合せ論）25問　解答・解説

問題 C−25（二項係数の積の和）

$a+b+c=5$ をみたす非負整数の組 (a,b,c) すべてについて

$$_{17}C_a \cdot {_{17}C_b} \cdot {_{17}C_c}$$

を足し合わせたものを計算せよ．ただし，解答は演算子を用いず数値で答えること．

(JMO2014予選第5問)

答案例

xy 平面上の $(0,0)$ から x 軸方向に 1 進むか y 軸方向に 1 進むかのいずれかをくり返して $(46,5)$ に至るような経路を考える．

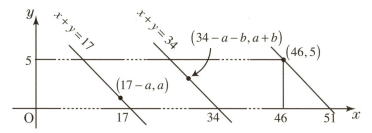

このとき，直線 $x+y=17$ 上の点 $(17-a,a)$ を通り，直線 $x+y=34$ 上の点 $(34-a-b,a+b)$ を通るような経路の数は

$$_{17}C_a \cdot {_{17}C_b} \cdot {_{17}C_c} \quad (a+b+c=5)$$

である．求める値はこの経路の総数であるから，

$$_{51}C_5 = \frac{51 \cdot 50 \cdot 49 \cdot 48 \cdot 47}{5!} = 2349060 \quad \cdots\cdots \text{［答］}$$

著名な定理の利用と結果主義について

　数学オリンピックのレベルで学習を進めると，学校での数学に比べて定理や公式についての豊かな知識が整ってきます．それらの有名定理を使うと直ちに答えが出る……ような出題は，残念ながらありませんが，ある程度ラクができるケースは存在します．本書の問題の中で例を挙げておくと，【A-9】【A-13】では多変数での相加相乗平均が，【N-4】【N-11】では中国剰余定理の知識が使えたりします．

　一般論ですが，A（代数）分野では代数方程式の知識，複素数に関する知識，各種の絶対不等式の知識などをもっていると解答が省力化できる場合があります．また，N（数論）分野では，合同式の取り扱い，フェルマー小定理，オイラーの定理などの知識が役立つことがあります．一方，C（組合せ）分野やG（幾何）分野では，具体的な状況に応じた臨機応変な対応が必要な問題が多く，有名定理などの知識よりも《現場対応力》の方が重要であるようです．

　予選突破後の本選での《記述式》試験だけでなく，大学受験等でも同じなのですが，しばしば「この問題は○○の定理（の結果）を使うとラクに解けるのですが……」といった質問をいただきます．定理そのものに使用の可否が決まっているわけではありません（大学入試では検定教科書に掲載の定理は直ちに使えるということは言える）．問題で問われている内容・解答プロセスと，定理が主張する内容との関係により，相対的に決まるとしか言えません．

　このような質問が出る背景として「数学は答えが1つであって，それを求めれば勝ちだ」という（巷間に支配的な）価値観があるのではないかと思われます．このような考えを《結果主義》と言います．しかし，証明問題において証明方法が複数考えられる例も多いことから「数学は答えが1つ」というのは誤った考えです．JMO予選が《短答式》であるために，そういう問いかけ方をしているだけのことなのです．正しくは《数学は真実が1つ》であり，《真実に至る道はいくつもある》のです．数学を学ぶには，日常学習でも競技数学でも，結果主義に陥らないことが大切です．

第3章

Geometry
(幾何)
解答・解説

第3章 Geometry（幾何）25問　解答・解説

問題 6-1 （面積の計量）

面積が 740 の平行四辺形 ABCD がある．辺 AB, BC, CD, DA を 5 : 2 に内分する点をそれぞれ P, Q, R, S とする．直線 AQ と直線 BR の交点を W，直線 BR と直線 CS の交点を X，直線 CS と直線 DP の交点を Y，直線 DP と直線 AQ の交点を Z とする．四角形 WXYZ の面積を求めよ．

(JMO1990予選第5問)

答案例

まず PZ ∥ BW から，$\dfrac{AZ}{ZW} = \dfrac{AP}{PB} = \dfrac{5}{2}$
である．次に，S を通り DP に平行な直線と AP との交点を G とし，AZ との交点を H とすると，

$$\dfrac{HZ}{ZW} = \dfrac{GP}{PB} = \dfrac{GP}{AP} \cdot \dfrac{AP}{PB}$$

$$= \dfrac{5}{7} \cdot \dfrac{5}{2} = \dfrac{25}{14}$$

また WQ = SY = HZ．よって

$$\dfrac{AQ}{ZW} = \dfrac{AZ + ZW + WQ}{ZW}$$

$$= \dfrac{AZ}{ZW} + 1 + \dfrac{HZ}{ZW} = \dfrac{5}{2} + 1 + \dfrac{25}{14} = \dfrac{74}{14}$$

$$\dfrac{\square WXYZ}{\square ABCD}$$

$$= \dfrac{\square WXYZ}{\square AQCS} \cdot \dfrac{\square AQCS}{\square ABCD}$$

$$= \dfrac{ZW}{AQ} \cdot \dfrac{QC}{BC} = \dfrac{14}{74} \cdot \dfrac{2}{7} = \dfrac{4}{74}$$

求める面積は $740 \times \dfrac{4}{74} = 40$　……［答］

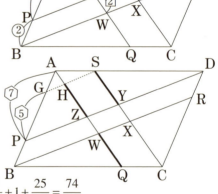

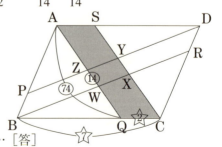

第3章　Geometry（幾何）25問　解答・解説

問題 G-2（三角形の重心・面積）

三角形 ABC の重心を G とする．GA $= 2\sqrt{3}$, GB $= 2\sqrt{2}$, GC $= 2$ のとき三角形 ABC の面積を求めよ．

(JMO1991予選第3問)

答案例

BC の中点を M とし，AM を M の側に延長して GM $=$ MP となる点 P をとる．
四角形 BPCG は平行四辺形であり，
$$\triangle \text{BMP} \equiv \triangle \text{CMG}$$
したがって BP $=$ CG $= 2$．
また，G は三角形 ABC の重心なので，
$$\text{AG} : \text{GM} = 2 : 1$$
であることに注意すると，
$$\text{PG} = \text{AG} = 2\sqrt{3}$$
さらに BG $= 2\sqrt{2}$ だから，
$$\text{BP}^2 + \text{BG}^2 = \text{PG}^2$$
が成り立つ．三平方の定理の逆により，
$\triangle$BPG は $\angle$GBP $= 90°$ の直角三角形であることがわかる．

$\triangle$BPG の面積は $\dfrac{1}{2} \cdot 2 \cdot 2\sqrt{2} = 2\sqrt{2}$

$\triangle$ABC の面積は，
$\triangle$GBC の面積の 3 倍であり，
$\triangle$BPG の面積の 3 倍でもあるから，
$$6\sqrt{2} \quad \cdots\cdots [\text{答}]$$

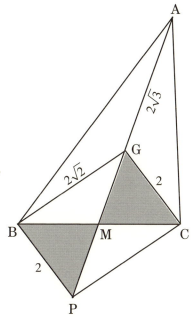

第3章　Geometry（幾何）25問　解答・解説

問題 G−3　（内分比と面積比）

正三角形 ABC において，辺 BC, CA, AB を $3:(n-3)$ に内分する点をそれぞれ D, E, F とする（ただし，$n>6$）．線分 AD, BE, CF の交点のつくる三角形の面積が，もとの正三角形の面積の $\dfrac{4}{49}$ のとき，n を求めよ．

(JMO1992予選第6問)

答案例

AB $=1$ として，BD $=$ CE $=$ AF $= \dfrac{3}{n} = a$，
AD $=$ BE $=$ CF $= b$ とおく．余弦定理により，

$$b^2 = 1 + a^2 - a$$

線分 AD と線分 CF の交点を P，
線分 BE と線分 AD の交点を Q，
線分 CF と線分 BE の交点を R
とすると，△BCE と △BQD は相似

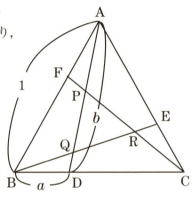

であるから，BQ $= \dfrac{a}{b}$，RE $=$ QD $= \dfrac{a^2}{b}$，

$$QR = BE - BQ - RE = \dfrac{b^2 - a - a^2}{b} = \dfrac{1 - 2a}{\sqrt{1 - a + a^2}}$$

面積比の条件から，

$$\dfrac{4}{49} = \left(\dfrac{QR}{BC}\right)^2 = (QR)^2 = \dfrac{4a^2 - 4a + 1}{a^2 - a + 1} = \dfrac{4\left(\dfrac{3}{n}\right)^2 - 4\cdot\dfrac{3}{n} + 1}{\left(\dfrac{3}{n}\right)^2 - \dfrac{3}{n} + 1} = \dfrac{n^2 - 12n + 36}{n^2 - 3n + 9}$$

ここから得られる二次方程式

$$4(n^2 - 3n + 9) = 49(n^2 - 12n + 36)$$

$$5n^2 - 64n + 192 = 0$$

および $n>6$ から，$n=8$　……［答］

第3章　Geometry（幾何）25問　解答・解説

問題G-4　（長さの和を最小に）

一辺の長さが1の正方形 ABCD 内の任意の点を P, Q とするとき，

$$AP + BP + PQ + CQ + DQ$$

の最小値を求めよ．

(JMO1993予選第5問)

答案例

図のように2つの正三角形 △ABM と △PBE を作ると，

$$\triangle APB \equiv \triangle MEB \text{ なので } AP = ME, BP = EP$$

同様に2つの正三角形 △QDF と △DCN を作ると，

$$\triangle DQC \equiv \triangle DFN \text{ なので } QC = FN, DQ = QF$$

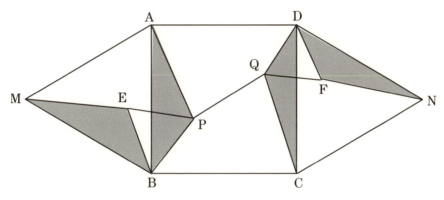

よって，

$$AP + BP + PQ + CQ + DQ = ME + EP + PQ + QF + FN$$

であり，右辺は M と N の2点を結ぶ折れ線の長さである．
これが最小値となるのは，M, E, P, Q, F, N が一直線上に並ぶ場合である．その値は

$$MN = 1 + \sqrt{3} \quad \cdots\cdots \text{［答］}$$

第3章 Geometry（幾何）25問　解答・解説

問題G-5 （面のなす角）

図のような立方体 ABCD－EFGH について
面 AFH と面 BDE の交わる角度を θ $(0° \leq \theta \leq 90°)$
とするとき $\cos\theta$ を求めよ．

（JMO1994予選第3問）

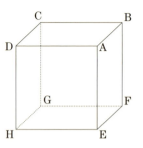

答案例

線分 DB と FH の中点をそれぞれ I, J とし，線分 IE と AJ との交点を K とすると $\cos\theta = \cos\angle AKI$ である．
立方体の1辺の長さを1とし，△AKI で余弦定理を用いることを考える．

$$AK = \frac{1}{2}AJ = \frac{1}{2}\sqrt{\left(\frac{\sqrt{2}}{2}\right)^2 + 1^2} = \frac{\sqrt{6}}{4},\ KI = \frac{1}{2}IE = \frac{\sqrt{6}}{4},\ AI = \frac{1}{2}AC = \frac{\sqrt{2}}{2}$$

から，

$$\cos\theta = \frac{AK^2 + KI^2 - AI^2}{2\cdot AK \cdot KI}$$

$$= \frac{\left(\frac{\sqrt{6}}{4}\right)^2 + \left(\frac{\sqrt{6}}{4}\right)^2 - \left(\frac{\sqrt{2}}{2}\right)^2}{2\cdot\frac{\sqrt{6}}{4}\cdot\frac{\sqrt{6}}{4}}$$

$$= \frac{1}{3} \quad \cdots\cdots \text{［答］}$$

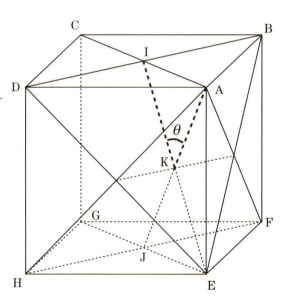

第3章　Geometry（幾何）25問　　解答・解説

問題 G-6 （角の計量）

鋭角三角形 ABC の外接円の中心を O とし，線分 OA, BC の中点をそれぞれ M, N とする．∠B = 4∠OMN，∠C = 6∠OMN とするとき ∠OMN を求めよ．

(JMO1995予選第3問)

答案例

∠OMN = α とおくと，∠B = 4α，∠C = 6α

よって ∠A = $180° - (4\alpha + 6\alpha) = 180° - 10\alpha$

円周角の定理から，

∠NOC = $\frac{1}{2}$∠BOC = ∠BAC = $180° - 10\alpha$

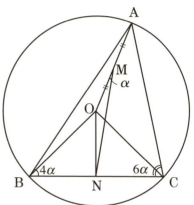

また，円周角の定理から，

∠MOC = ∠AOC = 2∠B = 8α

三角形 OMN において，

∠MON = $8\alpha + (180° - 10\alpha)$

　　　 = $180° - 2\alpha$

∠ONM = $180° - (∠MON + ∠OMN)$

　　　 = $180° - \{(180° - 2\alpha) + \alpha\} = \alpha$

よって ON = OM = $\frac{1}{2}$OA = $\frac{1}{2}$OC であり，また ∠ONC = $90°$ であるから，

（三角定規の形が得られて）∠NOC = $60°$

よって $180° - 10\alpha = 60°$ を得るから，

　　　$\alpha = 12°$　……［答］

第3章 Geometry（幾何）25問　解答・解説

問題 ⑥-7 （四面体の内接球）

xyz- 空間内の 4 点 $(0, 0, 0)$, $(1, 0, 0)$, $(0, 1, 0)$, $(0, 0, 1)$ を頂点とする四面体に内接する球の半径を求めよ．

(JMO1996予選第 1 問)

答案例

$O(0,0,0)$, $A(1,0,0)$, $B(0,1,0)$, $C(0,0,1)$
とし，内接球の中心を P，半径を r とする．
四面体 OABC は P を頂点とする 4 つの四面体
に分割される．体積についての等式を考える．

OABC = P-OCA + P-OAB + P-OBC + P-ABC
のように考えると，

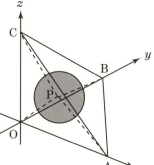

$$\frac{1}{3} \cdot \frac{1}{2} \cdot 1 = \frac{1}{3} \cdot \frac{1}{2} \cdot r + \frac{1}{3} \cdot \frac{1}{2} \cdot r + \frac{1}{3} \cdot \frac{1}{2} \cdot r + \frac{1}{3} \left(\frac{1}{2} \cdot \left(\sqrt{2}\right)^2 \sin 60° \right) r$$

$$\therefore \quad 1 = \left(3 + \sqrt{3}\right) r$$

$$\therefore \quad r = \frac{1}{3 + \sqrt{3}} = \frac{3 - \sqrt{3}}{6}$$

……［答］

第3章 Geometry(幾何) 25問　解答・解説

問題G-8　(正射影)

xyz-空間のある平面上に多角形がある．この多角形を xy-平面に正射影したものの面積が 13，yz-平面に正射影したものの面積が 6，zx-平面に正射影したものの面積が 18 のとき，この多角形の面積を求めよ．

(JMO1997予選第3問)

答案例

題意の多角形を含む平面を L，L の単位法線ベクトルを (a,b,c) とする．また，多角形の面積を S とする．

L と xy 平面のなす角を θ とすると，θ はベクトル (a,b,c) と z 軸のなす角に等しい．したがって $\cos\theta = c$ である．

また，もとの多角形と正射影との間の面積の関係から
$$13 = S\cos\theta = Sc \quad \cdots\cdots ①$$
同様に，$6 = Sa$ ……②，$18 = Sb$ ……③
ここで (a,b,c) は単位ベクトルだから，
$$a^2 + b^2 + c^2 = 1 \quad \cdots\cdots ④$$
①〜④から，
$$\begin{aligned}S^2 &= S^2(a^2+b^2+c^2) \\ &= 6^2 + 18^2 + 13^2 \\ &= 529 = 23^2\end{aligned}$$
よって，$S = 23$ ……[答]

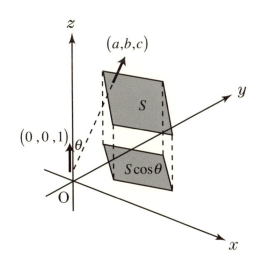

105

第3章　Geometry（幾何）25問　解答・解説

問題⑥-9（条件をみたす点の存在範囲）

xy-平面上の4点 $A:(3, 0)$, $B:(3, 2)$, $C:(0, 2)$, $D:(0, 0)$ を頂点とする長方形 $ABCD$ を考える．uv-平面上の点 (u, v) で，長方形 $ABCD$ 内（周を含む）の任意の点 (x, y) に対し，

$$0 \le ux + vy \le 1$$

をみたす (u, v) 全体の集合を S とする．S の面積を求めよ．

(JMO1998予選第5問)

答案例

長方形 $ABCD$ を表す領域は

$$0 \le x \le 3, \quad 0 \le y \le 2 \quad \cdots\cdots ①$$

①をみたすすべての (x,y) について $0 \le ux + vy$ が成り立つので，特に $(x,y)=(1,0), (0,1)$ とすることで，

$$u \ge 0, \quad v \ge 0 \quad \cdots\cdots ②$$

が必要．①，②が成り立つとき，$ux+vy$ の最大値は $3u+2v$ であるから，

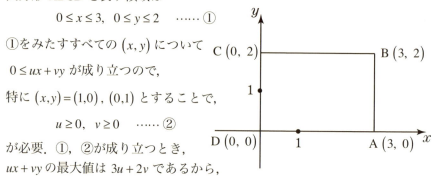

①をみたすすべての (x, y) について $ux+vy \le 1$ が成り立つためには，

$$3u + 2v \le 1 \quad \cdots\cdots ③$$

が必要．また，②かつ③ が成り立つような (u, v) は，十分に題意をみたす．よって，集合 S は②かつ③で与えられる．これは3点 $(0,0), \left(\dfrac{1}{3}, 0\right), \left(0, \dfrac{1}{2}\right)$ を頂点とする直角三角形を表す．S の面積は $\dfrac{1}{3} \times \dfrac{1}{2} \times \dfrac{1}{2} = \dfrac{1}{12}$ ……［答］

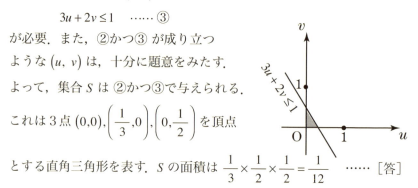

第3章 Geometry（幾何）25問　解答・解説

問題 G–10 （正二十面体の対角線）

1辺の長さ1の正二十面体の最も長い対角線の長さを求めよ.

（JMO1999予選第10問）

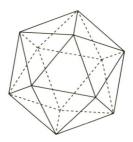

答案例

1辺の長さが1の正五角形 PQRST の対角線 PR の長さを x とする. PR と QT の交点を U とする. $x:1 = \mathrm{PR}:\mathrm{PQ} = \mathrm{PQ}:\mathrm{PU}$ より $\mathrm{PU} = \dfrac{1}{x}$ である. したがって $x = 1 + \dfrac{1}{x}$ であるから $x = \dfrac{1+\sqrt{5}}{2}$ を得る.

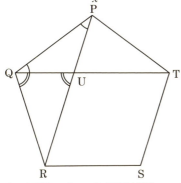
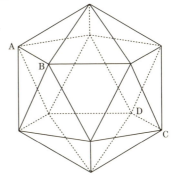

正20面体のちょうど反対側の2辺 AB, CD に注目すると, AC は最も長い対角線のひとつである. 四角形 ABCD は長方形である. BC の長さは1辺の長さが1である正五角形の対角線だから $\dfrac{1+\sqrt{5}}{2}$ である.

よって最も長い対角線の長さは

$$\mathrm{AC} = \sqrt{\mathrm{AB}^2 + \mathrm{BC}^2} = \sqrt{1^2 + \left(\dfrac{1+\sqrt{5}}{2}\right)^2} = \sqrt{\dfrac{5+\sqrt{5}}{2}} \left(= \dfrac{\sqrt{10+2\sqrt{5}}}{2}\right) \cdots\cdots [答]$$

第 3 章　Geometry（幾何）25 問　　解答・解説

問題 G-11 （八面体の体積）

図のような 1 辺の長さ 1 の立方体 ABCD–EFGH があり，辺 CD の中点を K，辺 DH の中点を L，辺 EF の中点を M，辺 FB の中点を N とする．

八面体 A–KLMN–G の体積を求めよ．

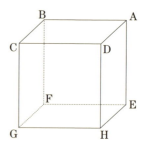

(JMO2000 予選第 5 問)

答案例

図のように G を原点，直線 GH, GF, GC をそれぞれ x, y, z 軸とする座標軸をとる．$\overrightarrow{GK}=\left(\dfrac{1}{2},0,1\right)$, $\overrightarrow{GL}=\left(1,0,\dfrac{1}{2}\right)$, $\overrightarrow{GM}=\left(\dfrac{1}{2},1,0\right)$, $\overrightarrow{GN}=\left(0,1,\dfrac{1}{2}\right)$ から，$\overrightarrow{KN}=\left(-\dfrac{1}{2},1,-\dfrac{1}{2}\right)$, $\overrightarrow{NM}=\left(\dfrac{1}{2},0,-\dfrac{1}{2}\right)$ である．

また，$\overrightarrow{KN}\cdot\overrightarrow{NM}=0$, $|\overrightarrow{KN}|=\dfrac{\sqrt{6}}{2}$, $|\overrightarrow{NM}|=\dfrac{\sqrt{2}}{2}$ であるから，

$$(長方形 KLMN の面積)=\dfrac{\sqrt{6}}{2}\times\dfrac{\sqrt{2}}{2}=\dfrac{\sqrt{3}}{2}$$

また線分 GA は長方形 KLMN と点 $I=\left(\dfrac{1}{2},\dfrac{1}{2},\dfrac{1}{2}\right)$ で直交する．

また，$GI=\dfrac{\sqrt{3}}{2}$ に注意すると，

(四角錐 G–KLMN の体積)
$=\dfrac{1}{3}\cdot\dfrac{\sqrt{3}}{2}\cdot\dfrac{\sqrt{3}}{2}=\dfrac{1}{4}$

求める体積はその 2 倍で，

$$\dfrac{1}{2} \quad\cdots\cdots[答]$$

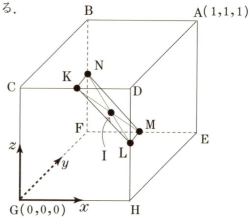

第3章　Geometry（幾何）25問　解答・解説

問題 G—12 （パッキング）

縦の長さが 8，横の長さが 7 の長方形の中に，5 つの合同な正方形が図のように詰めこまれている．

正方形の 1 辺の長さを求めよ．

（JMO2001予選第2問）

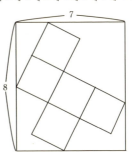

答案例

長方形を $8 \times 7 = 56$ 個の単位正方形のマス目に分けてみる．

格子点を利用して 5 つの正方形を，書き込む．正方形の 1 辺の長さは
$$\sqrt{1^2 + 2^2} = \sqrt{5}$$
ではないかという仮説が立つ．これを証明する．

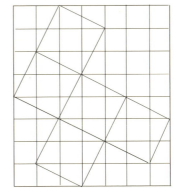

（証明）

図のように座標を入れて，
$\overrightarrow{PQ} = (a, -b)$ とおくと，
$\overrightarrow{PR} = (b, a)$ である．

$\overrightarrow{PT} = 3\overrightarrow{PQ} + \overrightarrow{PR}$ の x 成分，

$\overrightarrow{SU} = -2\overrightarrow{PQ} + 3\overrightarrow{PR}$ の y 成分から

$$\begin{cases} 7 = 3a + b \\ 8 = 2b + 3a \end{cases}$$

これを解いて $(a, b) = (2, 1)$．

よって，正方形の 1 辺の長さは
$\sqrt{a^2 + b^2} = \sqrt{5}$ ……［答］

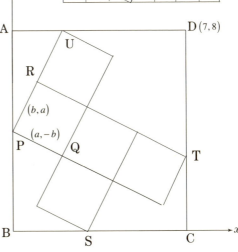

第3章 Geometry（幾何）25問　解答・解説

問題 G-13（正八面体の体積）

1辺の長さが1の正八面体の体積は，1辺の長さが1の正四面体の体積の何倍か．

(JMO2002予選第4問)

答案例1

一辺の長さが1の正四面体の体積を U とすると，

$$U = \frac{1}{3}\left(\frac{\sqrt{3}}{2} \times \frac{\sqrt{2}}{\sqrt{3}}\right) = \frac{\sqrt{2}}{12}$$

一辺の長さが1の正八面体の体積を V とすると，

$$V = 2 \times \frac{1}{3}\left(1 \times \frac{\sqrt{2}}{2}\right) = \frac{\sqrt{2}}{3}$$

よって $\dfrac{V}{U} = 4$ ……［答］

答案例2

一辺の長さが1の正四面体4個と一辺の長さが1の正八面体を1個を組み合わせると，一辺の長さが2の正四面体1個ができる．

$$4U + V = 2^3 U$$

$$\therefore \frac{V}{U} = 4 \quad \cdots\cdots [答]$$

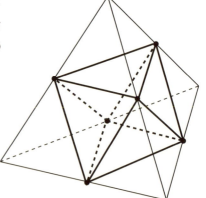

第3章 Geometry（幾何）25問　解答・解説

問題 G–14 （長さの比）

平行四辺形 ABCD において，∠BAC の二等分線と線分 BC との交点を E としたとき，BE + BC = BD が成立するという．このとき，$\dfrac{BD}{BC}$ の値を求めよ．

(JMO2003予選第5問)

答案例

線分 BD と，線分 AE，AC との交点をそれぞれ F，O とする．また，線分 EC の中点を M とする．

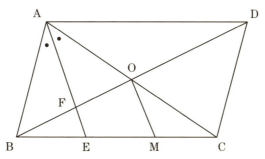

O，M はそれぞれ線分 AC，EC の中点なので，
三角形 CAE において中点連結定理により AE ∥ OM
よって，∠BOM = ∠BFE，∠BMO = ∠BEF である．
また，$BM = \dfrac{BE + BC}{2} = \dfrac{BD}{2} = BO$ より三角形 BMO は二等辺三角形で，
∠BOM = ∠BMO，∠BFE = ∠BEF
よって，∠BDC = ∠ABD = ∠BFE − ∠BAE = ∠BEF − ∠EAC = ∠BCO
これと ∠DBC = ∠CBO （共通）より，二角相等の相似条件が成り立つ．
$$\triangle BCD \backsim \triangle BOC$$
したがって，BC : BD = BO : BC より
$$BC^2 = BD \cdot BO = BD \cdot \dfrac{1}{2} BD = \dfrac{1}{2} BD^2$$
よって，$\dfrac{BD^2}{BC^2} = 2$ を得るから，$\dfrac{BD}{BC} = \sqrt{2}$　……［答］

第3章　Geometry（幾何）25問　解答・解説

問題G-15（領域の面積）

平面上に三角形 ABC があり，$AB = 16$，$BC = 5\sqrt{5}$，$CA = 9$ である．三角形 ABC の外部で，点 B と点 C の少なくとも一方からの距離は 6 以下であるような部分の面積を求めよ．

(JMO2004予選第7問)

答案例

B, C を中心とする半径 6 の 2 つの円の交点のうち，△ABC の外側にある方の点を点 D とする．図の網目部の面積（2つの扇型の面積の和）を S_1，△BCD の面積を S_2 とする．C から AB への垂線の足を H とするとき，$CH > 6$ は下記 [補足] にて確認する．求める面積は，図の網目部と三角形 BCD をあわせた $S_1 + S_2$ である．△ABC，△BCD での余弦定理から，

$$\cos\angle CAB = \frac{256+81-125}{2\cdot 9\cdot 16} = \frac{53}{72}, \quad \cos\angle CDB = \frac{36+36-125}{2\cdot 6\cdot 6} = -\frac{53}{72}$$

よって $\angle CAB + \angle CDB = 180°$ である．2つの扇形の中心角の和は

$$(360°-\angle ACD)+(360°-\angle ABD) = 720°-(360°-\angle CAB-\angle CDB) = 540°$$

よって，$S_1 = 6^2\pi \times \dfrac{540}{360} = 54\pi$

点 D と直線 BC の距離 d は

$$d = \sqrt{BD^2 - \left(\frac{BC}{2}\right)^2} = \frac{\sqrt{19}}{2}$$

なので，$S_2 = \dfrac{1}{2} BC\cdot d = \dfrac{5\sqrt{95}}{4}$

$S_1 + S_2 = 54\pi + \dfrac{5\sqrt{95}}{4}$ ……［答］

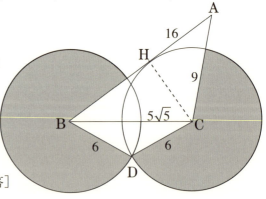

［補足］$CH = 9\sin\angle CAB = 9\cdot\dfrac{\sqrt{72^2-53^2}}{72} = \dfrac{\sqrt{2375}}{8} > \dfrac{\sqrt{2304}}{8} = 6$ である．

第3章　Geometry（幾何）25問　解答・解説

問題G–16（角を最大にする）

OA = 2, OP = a, ∠AOP = 90° なる直角三角形 AOP の辺 OA の中点を点 B とする．このとき ∠APB を最大にするような a の値を求めよ．

(JMO2005予選第3問)

答案例1

座標平面に O(0,0), A(0,2), P(a,0), B(0,1) をとる．∠APB = θ, ∠OPA = α, ∠OPB = β とおく．$\theta = \beta - \alpha$ の正接を考えて，

$$\tan\theta = \tan(\beta - \alpha) = \frac{\tan\beta - \tan\alpha}{1 + \tan\alpha\tan\beta}$$

$$= \frac{\dfrac{2}{a} - \dfrac{1}{a}}{1 + \dfrac{2}{a}\cdot\dfrac{1}{a}} = \frac{a}{a^2 + 2} = \frac{1}{a + \dfrac{2}{a}}$$

$$\leq \frac{1}{2\sqrt{a\cdot\dfrac{2}{a}}} = \frac{1}{2\sqrt{2}} \quad \text{（相加相乗平均の不等式）}$$

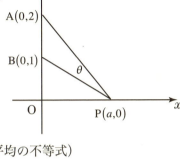

θ が最大になるのは等号が成立するときで，$a = \dfrac{2}{a}$ より

$a = \sqrt{2}$ ……［答］

答案例2

P は OA に垂直で O を通る直線 l 上にある．2点 A, B を通り，直線 l に接するような円 C を考える．C と l の接点を P′ とする．

このとき，P = P′ が ∠APB を最大にする P である．というのは，P が P′ 以外の l 上の点であるとき，P は円 C の外側にあり，∠APB は円 C の円周角 ∠AP′B より小さくなるからである．

P = P′ のとき，C の中心を Q, Q から OA におろした垂線の足を H とすると，QA = QP = $\dfrac{3}{4} \times$ OA = $\dfrac{3}{2}$, HA = $\dfrac{1}{4} \times$ OA = $\dfrac{1}{2}$

113

第3章　Geometry（幾何）25問　　解答・解説

$$a = \mathrm{OP} = \mathrm{QH} = \sqrt{\mathrm{QA}^2 - \mathrm{HA}^2} = \sqrt{2} \quad \cdots\cdots \text{［答］}$$

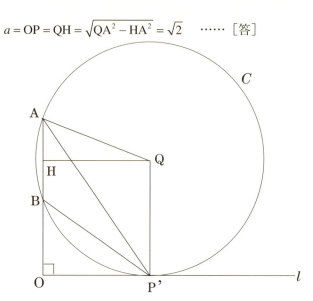

問題 G-17 （正三角形）

正三角形の内部に点 P があり，P から各辺に下ろした垂線の長さはそれぞれ 1, 2, 3 であるとする．この正三角形の一辺の長さを求めよ．

(JMO2006予選第2問)

答案例

正三角形の3頂点を A, B, C とし，一辺の長さを a とする．

△ABC の面積について，

$$\triangle \mathrm{ABC} = \triangle \mathrm{ABP} + \triangle \mathrm{BCP} + \triangle \mathrm{CAP} = \frac{1}{2}\cdot(1+2+3)\cdot a = 3a$$

$$\triangle \mathrm{ABC} = \frac{\sqrt{3}}{4}a^2$$

したがって $\dfrac{\sqrt{3}}{4}a^2 = 3a$

$$\therefore\ a = 4\sqrt{3} \quad \cdots\cdots \text{［答］}$$

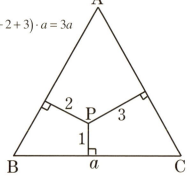

第3章　Geometry（幾何）25問　解答・解説

問題 G–18 （長さの積の最小値）

平面上に長さ 7 の線分 AB があり，点 P と直線 AB との距離は 3 である．AP×BP のとりうる最小の値を求めよ．

(JMO2007予選第3問)

答案例

$\angle APB = \theta$ とし，三角形 APB の面積を S とすると，

$$S = \frac{1}{2} \times 3 \times 7 = \frac{21}{2}$$

一方，$S = \frac{1}{2} \times AP \times BP \times \sin\theta$ なので，

$$AP \times BP \times \sin\theta = 21$$

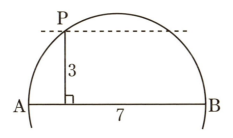

$\sin\theta$ は正なので，$\sin\theta$ が最大となるとき，AP×BP が最小となる．線分 AB を直径とする円を考えると，半径は $\frac{AB}{2} = \frac{7}{2} > 3$ なので，P としてこの円周上の点をとれる．

すると円周角の定理より $\theta = 90°$ となり，$\sin\theta = 1$ となる．
このとき，AP×BP は最小値 **21** ……［答］

第3章　Geometry（幾何）25問　解答・解説

問題 G-19（直角三角形の面積）

1辺の長さが1の正方形 ABCD がある．AD を直径とする円を O とし，辺 AB 上の点 E を，直線 CE が O の接線となるようにとる．
このとき，三角形 CBE の面積を求めよ．

(JMO2008予選第2問)

答案例

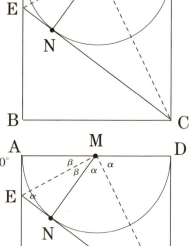

辺 AD の中点を M，O と CE の接点を N とおく．
MD = MN および ∠MDC, ∠MNC がともに直角であることから，
$$\triangle MNC \equiv \triangle MDC \quad \cdots\cdots ①$$
同様に，$\triangle MNE \equiv \triangle MAE \quad \cdots\cdots ②$

①より ∠CMN = ∠CMD(=α)

②より ∠EMN = ∠EMA(=β)

2∠CMN = ∠DMN．

M のまわりの平角をみて，$2\alpha + 2\beta = 180°$

∴　∠EMC = α + β = 90°

したがって，
$$\angle EMN = 90° - \angle CMN = \angle MCN$$
であるから，∠ENM = 90° = ∠MNC と合わせて　△EMN ∽ △MCN

∴　EN : NM = NM : NC

一方，①より NC = DC = 1，NM = DM = $\dfrac{1}{2}$ だから，EN = $\dfrac{1}{4}$

②より EA = EN = $\dfrac{1}{4}$ だから，BE = $\dfrac{3}{4}$

求める面積は △CBE = $1 \cdot \dfrac{3}{4} \cdot \dfrac{1}{2} = \dfrac{3}{8}$　……［答］

第 3 章　Geometry（幾何）25 問　　解答・解説

問題 G–20（四面体の体積）

四面体 OABC は OA = 3, OB = 4, OC = 5 および ∠AOB = ∠AOC = 45°, ∠BOC = 60° をみたす．このとき四面体 OABC の体積を求めよ．

(JMO2009 予選第 6 問)

答案例

線分 OA, OB, OC 上に点 P, Q, R を，

$$OP = 1, \angle OPQ = \angle OPR = 90°$$

をみたすようにとる．
∠POQ = 45° より

$$PQ = 1, OQ = \sqrt{2}$$

同様に PR = 1, OR = $\sqrt{2}$

∠ROQ = 60° と OR = OQ より
△OQR は正三角形で OR = $\sqrt{2}$

$$QR^2 = PQ^2 + PR^2$$

より ∠RPQ = 90° なので，平面 AOB と平面 AOC は直交する．
よって，C から平面 AOB に下ろした垂線の足 H は直線 OA 上にある．

$$HC = OC \cdot \sin \angle AOC = 5 \sin 45° = \frac{5}{\sqrt{2}}$$

三角形 AOB の面積は，$\frac{1}{2} \cdot OA \cdot OB \cdot \sin \angle AOB = \frac{1}{2} \cdot 3 \cdot 4 \cdot \frac{1}{\sqrt{2}} = 3\sqrt{2}$

四面体 OABC の体積は，$\frac{1}{3} \cdot 3\sqrt{2} \cdot \frac{5}{\sqrt{2}} = 5$　……［答］

第3章　Geometry（幾何）25問　　解答・解説

問題 G−21（三角形の面積）

三角形 ABC の内部に点 P がある．$AP = \sqrt{3}$, $BP = 5$, $CP = 2$, $AB : AC = 2 : 1$, $\angle BAC = 60°$ であるとき，三角形 ABC の面積を求めよ．

(JMO2010予選第8問)

答案例

三角形 ABQ と三角形 ACP が相似となるように，点 Q を直線 AB に対して点 C と反対側にとる．

このとき，三角形 ABQ と三角形 ACP の相似比は $AB : AC = 2 : 1$ なので，

$$AQ = 2AP = 2\sqrt{3},$$
$$BQ = 2CP = 4$$

また，$\angle QAB = \angle PAC$ より，

$$\angle QAP = \angle QAB + \angle BAP = \angle PAC + \angle BAP = \angle BAC = 60°$$

であり，$AQ : AP = 2 : 1$ とあわせて，

$$\angle APQ = 90°, \quad PQ = \sqrt{3} AP = 3$$

これより，$BP^2 = BQ^2 + PQ^2$ が成り立つので，

三平方の定理の逆により

$$\angle BQP = 90°$$

よって，$AB^2 = PQ^2 + (AP + BQ)^2$

$$= 3^2 + (\sqrt{3} + 4)^2 = 28 + 8\sqrt{3}$$

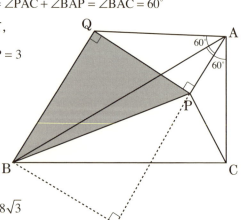

三角形 ABC の面積は，

$$\frac{1}{2} \cdot AB \cdot AC \cdot \sin 60° = \frac{\sqrt{3}}{8} AB^2 = \frac{6 + 7\sqrt{3}}{2} \quad \cdots\cdots \text{［答］}$$

第3章 Geometry(幾何) 25問 解答・解説

問題 G-22 (直角三角形の計量)

∠ABC = 90° である三角形 ABC の辺 BC, CA, AB 上に点 P, Q, R があり，AQ:QC = 2:1, AR = AQ, QP = QR, ∠PQR = 90° が成立している．CP = 1 のとき AR を求めよ．

(JMO2011予選第6問)

答案例

線分 BR 上に点 D を，RD = 1 となるようにとる．
このとき仮定より RD = PC, RQ = PQ．また

$$\angle DRQ = 360° - (\angle RQP + \angle QPB + \angle PBR)$$
$$= 360° - (90° + \angle QPB + 90°)$$
$$= 180° - \angle QPB = \angle CPQ$$

より，△DRQ ≡ △CPQ

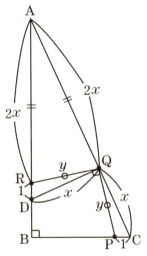

したがって

$$\angle AQD = \angle AQR + \angle RQD$$
$$= \angle AQR + \angle PQC = 90°$$

AR = AQ = $2x$ とおくと，

QC = QD = x，∠AQD = 90°

三角形 AQD に三平方の定理を用いて

$$(2x)^2 + x^2 = (2x+1)^2$$
$$x^2 - 4x - 1 = 0$$

$x > 0$ なので $x = 2 + \sqrt{5}$

AR = $2x = 4 + 2\sqrt{5}$ ……[答]

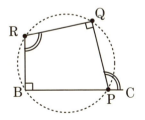

第 3 章　Geometry（幾何）25 問　　解答・解説

問題 G–23（外心を通る割線）

三角形 ABC の外心を O とする．線分 AB 上に点 D，線分 AC 上に点 E をとると，線分 DE の中点が O と一致した．AD = 8, BD = 3, AO = 7 のとき，CE を求めよ．

(JMO2012 予選第 7 問)

答案例

直線 DE と三角形 ABC の外接円との交点のうち，OD を D の側に延長した側にあるものを F，反対側にあるものを G とする．
また，CE = x，OD = OE = y とおく．
このとき OF = OG = OA = 7（半径）となる．
弦 AB と FG で方べきの定理を用いて，

　　AD・BD = FD・GD

　　$8 \cdot 3 = (7-y)(7+y)$

　　$y^2 = 25$　より　OD = OE = 5

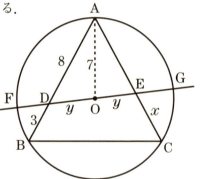

△ADE にパップスの中線定理を用いて，

　　$AD^2 + AE^2 = 2(OA^2 + OD^2)$

　　$8^2 + AE^2 = 2(7^2 + 5^2)$

より $AE^2 = 84$，$AE = 2\sqrt{21}$ である．
弦 AC と FG で方べきの定理を用いて

　　AE・CE = FE・GE

　　$2\sqrt{21}\, CE = (7+5)(7-5)$

よって　$CE = \dfrac{4\sqrt{21}}{7}$　……［答］

第3章　Geometry（幾何）25問　　解答・解説

問題 G-24　（交わる2つの円）

相異なる2点P, Qで交わる2円 O_1, O_2 がある．点Pにおける円 O_1 の接線が，Pとは異なる点Rで円 O_2 と交わっている．また，点Qにおける円 O_2 の接線が，Qとは異なる点Sで円 O_1 と交わっている．

さらに，直線PRと直線QSが点Xで交わっている．XR = 9，XS = 2 のとき，円 O_1 の半径は円 O_2 の半径の何倍であるか．

(JMO2013予選第5問)

答案例

接弦定理より，∠PSQ = ∠QPR（$= \alpha$ とおく），∠SQP = ∠PRQ（$= \beta$ とおく）なので，二角相等により三角形PSQと三角形QPRは相似である．O_1, O_2 の半径をそれぞれ r_1, r_2 とする．O_1, O_2 はそれぞれの外接円であるから，半径の比は三角形の相似比に等しく，$\dfrac{r_1}{r_2} = \dfrac{PQ}{QR}$ である．

また，接弦定理より∠XPS = ∠XQP = β であり，∠Xが共通なので，三角形XPS，三角形XQP，三角形XRQ はすべて相似である．

よって $\left(\dfrac{r_1}{r_2} =\right) \dfrac{PQ}{QR} = \dfrac{XQ}{XR}$

また $\dfrac{XQ}{XR} = \dfrac{XP}{XQ} = \dfrac{XS}{XP}$ より，

$$\left(\dfrac{XQ}{XR}\right)^3 = \dfrac{XQ}{XR} \cdot \dfrac{XP}{XQ} \cdot \dfrac{XS}{XP}$$

$$= \dfrac{XS}{XR} = \dfrac{2}{9}$$

よって，

$$\dfrac{r_1}{r_2} = \dfrac{XQ}{XR} = \left(\dfrac{2}{9}\right)^{\frac{1}{3}} = \sqrt[3]{\dfrac{2}{9}} \quad \cdots\cdots \text{［答］}$$

第 3 章　Geometry（幾何）25問　解答・解説

問題 G—25（円周上の六角形）

円周上に 6 点 A, B, C, D, E, F がこの順にあり，線分 AD, BE, CF は 1 点で交わっている．AB = 1, BC = 2, CD = 3, DE = 4, EF = 5 のとき，線分 FA の長さを求めよ．

(JMO2014予選第4問)

答案例

線分 AD, BE, CF の交点を P とする．
FA = x とおく．$\overset{\frown}{\text{BD}}$ 上での円周角の定理から
　　∠BAD = ∠BED
また　∠BPA = ∠DPE なので，
三角形 PBA，三角形 PDE は相似であり，

$$\frac{\text{PA}}{\text{PE}} = \frac{\text{BA}}{\text{DE}} = \frac{1}{4} \quad \cdots\cdots ①$$

同様に　$\dfrac{\text{PE}}{\text{PC}} = \dfrac{\text{EF}}{\text{CB}} = \dfrac{5}{2} \quad \cdots\cdots ②$

$\dfrac{\text{PC}}{\text{PA}} = \dfrac{\text{CD}}{\text{AF}} = \dfrac{3}{x} \quad \cdots\cdots ③$

① × ② × ③ より，$1 = \dfrac{\text{PA}}{\text{PE}} \cdot \dfrac{\text{PE}}{\text{PC}} \cdot \dfrac{\text{PC}}{\text{PA}} = \dfrac{1}{4} \cdot \dfrac{5}{2} \cdot \dfrac{3}{x} = \dfrac{15}{8x}$

$$\text{FA} = x = \frac{15}{8} \quad \cdots\cdots [答]$$

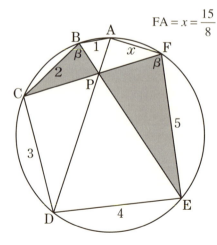
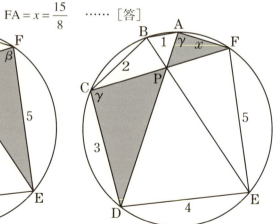

第4章

Number Theory
（数論）
解答・解説

第4章　Number Theory（数論）25問　解答・解説

問題 N−1 （平方数の下3桁）

ある正の整数を2乗すると，下3桁が0でない同じ数字になる．そのような性質をもつ最小の正の整数を求めよ．

(JMO1990予選第3問)

答案例

まず2桁の数 $10a+b$ について条件を満たすものがあるかどうか調べる．

$$(10a+b)^2 = 100a^2 + 20ab + b^2$$
$$= 100(a^2) + 10(2ab) + b^2$$

この平方数の十位の数は，（$2ab$ の一位）＋（b^2 の十位）であるが，これが（b の一位）と一致することが必要である．$b=1,2,\cdots,9$ について調べると，

　　　b が奇数のときは十位が偶数，

　　　$b=4,6$ のときは十位が奇数

となって一位と同じ数字になり得ないことがわかる．
よって，$b=2,8$ であることが必要である．

$b=2$ の場合；

$$(10a+2)^2 = 100(a^2) + 10(4a) + 4$$

より $4a$ の一位が 4 と一致する．$a=1$ または $a=6$ が必要である．

しかし $12^2 = 144$，$62^2 = 3844$ であり不適．

$b=8$ の場合；

$$(10a+8)^2 = 100a^2 + 160a + 64$$
$$= 100(a^2+a) + 10(6a+6) + 4$$

より $6a+6$ の一位が 4 と一致する．$a=3$ または $a=8$ が必要である．

　　　$38^2 = 1444$，$88^2 = 7744$

により下3桁が同じ数字になる最小の正の整数は 38　……［答］

第 4 章　Number Theory（数論）25問　　解答・解説

問題 N–2（桁の数字の和）

$A = 999\cdots99$（81桁すべて 9）とする．A^2 の各桁の数字の和を求めよ．

(JMO1991予選第1問)

答案例

$$A = \underbrace{999\cdots\cdots 999}_{81桁} = 10^{81} - 1$$

これを平方すると，

$$A^2 = \left(10^{81} - 1\right)^2 = 10^{162} - 2 \cdot 10^{81} + 1$$

$$= \left(10^{81} - 2\right) \cdot 10^{81} + 1$$

$$= \underbrace{999\cdots\cdots 999}_{80桁} 8 \underbrace{000\cdots\cdots 000}_{80桁} 1$$

A^2 の各桁の数字の和は，$9 \times 80 + 8 + 1 = 729$　……［答］

フェルマー小定理・オイラーの定理 (1)

学校数学では取り上げないけれど，数学オリンピックでは常識となるような事実がいくつかあります．その一部として，フェルマー（Pierre de Fermat, 1607-1665）とオイラー（Leonhard Euler, 1707-1783）の業績の一端を紹介します．順に命題を倒しましょう．

［命題1］（素数と二項係数）

　p を 2 以上の素数とし，k を p より小さい正の整数とする．このとき，${}_p\mathrm{C}_k$ は p で割り切れる．

（証明）$0 < k < p$ のとき，$k! \, {}_p\mathrm{C}_k = p(p-1)(p-2)\cdots(p-k+1)$ である．$k! \, {}_p\mathrm{C}_k$ は素数 p の倍数である．$k!$ は p より小さい自然数の積なので p で割り切れない．よって ${}_p\mathrm{C}_k$ は p で割り切れる．　（倒した）

第4章　Number Theory（数論）25問　解答・解説

問題 N-3 （逆数の総和）

A を次の条件 1), 2) をみたす正の整数の集合とする．

1) $2, 3, 5, 7, 11, 13$ 以外の素因数を持たない
2) $2^2, 3^2, 5^2, 7^2, 11^2, 13^2$ のいずれでも割り切れない

ただし，$1 \in A$ とする．A の要素 n の逆数 $\dfrac{1}{n}$ の総和

$$1 + \frac{1}{2} + \frac{1}{3} + \frac{1}{5} + \cdots\cdots + \frac{1}{2\cdot 3 \cdot 5 \cdot 7 \cdot 11 \cdot 13}$$

を求めよ．

(JMO1992予選第4問)

答案例

集合 A とは，1 または，$2, 3, 5, 7, 11, 13$ のうちのいくつかの素数の積からなる集合であり，要素の個数は $2^6 = 64$ 個である．A の要素 n の逆数 $\dfrac{1}{n}$ の総和は，次のように因数分解されることに注意して，計算できる．

$$1 + \frac{1}{2} + \frac{1}{3} + \frac{1}{5} + \cdots\cdots + \frac{1}{2\cdot 3 \cdot 5 \cdot 7 \cdot 11 \cdot 13}$$

$$= \left(1 + \frac{1}{2}\right)\left(1 + \frac{1}{3}\right)\left(1 + \frac{1}{5}\right)\left(1 + \frac{1}{7}\right)\left(1 + \frac{1}{11}\right)\left(1 + \frac{1}{13}\right)$$

$$= \frac{3}{2} \cdot \frac{4}{3} \cdot \frac{6}{5} \cdot \frac{8}{7} \cdot \frac{12}{11} \cdot \frac{14}{13}$$

$$= \frac{2304}{715} \quad \cdots\cdots \text{［答］}$$

第4章 Number Theory（数論）25問　解答・解説

問題 𝔑−4 （剰余と周期性）

n^2 を 120 で割ると 1 余るような，120 以下の正の整数 n はいくつあるか．

(JMO1993予選第1問)

答案例1

$120 = 3 \times 5 \times 8$ で 3, 5, 8 は互いに素だから，n^2 を 3, 5, 8 のいずれで割っても 1 余る．よって

　　n を 3 で割った余りは，1, 2 のいずれか

　　n を 5 で割った余りは，1, 4 のいずれか

　　n を 8 で割った余りは，1, 3, 5, 7 のいずれか

である．ただし，$1 \le n \le 120$

中国剰余定理により，互いに素である 3, 5, 8 で割った余りがそれぞれ i, j, k であるような整数 n は $120 = 3 \times 5 \times 8$ を法としてただ 1 つ存在する．組 i, j, k が $2 \times 2 \times 4 = 16$ 個あるので，このような n の個数は

　　$2 \times 2 \times 4 = 16$ 　……［答］

参考

［命題］中国剰余定理（Chinese remainder theorem）

　与えられた2つの整数 m, n が互いに素ならば，任意に与えられる整数 a, b に対し，連立合同式 $x \equiv a \pmod{m}$, $x \equiv b \pmod{n}$ を満たす整数 x が mn を法として一意的に存在する．

（拡張）　与えられた k 個の整数 $m_1, m_2, \ldots, m_k$ がどの2つも互いに素ならば，任意に与えられる整数 $a_1, a_2, \ldots, a_k$ に対し，連立合同式 $x \equiv a_1 \pmod{m_1}$, $x \equiv a_2 \pmod{m_2}$, $\ldots x \equiv a_k \pmod{m_k}$ を満たす整数 x が $m_1 m_2 \cdots m_k$ を法として一意的に存在する．

第4章 Number Theory（数論）25問　解答・解説

答案例2

n^2 を 120 で割った余りが 1 であるから，n^2 の一の位の数は 1 である．よって，n の一の位の数は 1 か 9 である．また，n は 3 で割り切れないので，この時点での n の候補は，

$$1, 11, 31, 41, 61, 71, 91, 101 \text{ および } 19, 29, 49, 59, 79, 89, 109, 119$$

の 16 個に絞られる．たとえば 19 について，

$$19 \equiv 3, \ 19^2 \equiv 9 \equiv 1 \pmod 8$$

$$19 \equiv 4, \ 19^2 \equiv 16 \equiv 1 \pmod 5$$

となり，条件を満たしている．

同様にして調べていくと，これら 16 個の数はすべて，8 で割った余りの条件と，5 で割った余りの条件を満たす．

よって，求める個数は 16 個である． ……［答］

問題 N-5（格子点と直線の距離）

座標平面上の点 (x, y) で，x, y がともに整数であるものを格子点という．直線 $y = \dfrac{3}{7}x + \dfrac{3}{10}$ と格子点との距離の最小値を求めよ．

(JMO1994予選第1問)

答案例

格子点 (x, y) から直線 $30x - 70y + 21 = 0$ への距離を d とすると，

$$d = \frac{|30x - 70y + 21|}{\sqrt{30^2 + 70^2}} = \frac{|10(3x - 7y) + 21|}{10\sqrt{58}}$$

d が最小となる場合を調べる．$3x - 7y = -2$ とすることができれば最小となる．これは $x = 4, y = 2$ のとき実現する．よって，求める最小値は，

$$\frac{1}{10\sqrt{58}} = \frac{\sqrt{58}}{580} \quad \cdots\cdots [答]$$

第4章 Number Theory（数論）25問　解答・解説

問題 N–6 （2次の不定方程式）

$2x^2y^2 + y^2 = 26x^2 + 1201$ をみたす正の整数の組 (x, y) をすべて求めよ．

(JMO1995予選第8問)

答案例

条件より，

$2x^2y^2 - 26x^2 + y^2 = 1201$

$(2x^2+1)(y^2-13) = 1188 = 2^2 \cdot 3^3 \cdot 11$

したがって $2x^2+1, y^2-13$ はそれぞれ $2^2 \cdot 3^3 \cdot 11$ の約数であるが，$2x^2+1$ は奇数なので，$3^3 \cdot 11 = 297$ の約数である．

とくに $2x^2+1 = 297$ としてみると，$y^2-13 = 4$ すなわち $y^2 = 17$ となり，これは平方数ではない．

したがって $2x^2+1 \leq 3^2 \cdot 11 = 99$ より $x \leq 7$ が必要．

$x=1$ のとき $2x^2+1 = 3$ だから $y^2-13 = 396$ から $y^2 = 409$ で不適．

$x=2$ のとき $2x^2+1 = 9$ だから $y^2-13 = 132$ から $y^2 = 145$ で不適．

$x=3$ のとき $2x^2+1 = 19$ で不適．

$x=4$ のとき $2x^2+1 = 33$ だから $y^2-13 = 36$ から $y = 7$ を得る．

$x=5$ のとき $2x^2+1 = 51$ で不適．

$x=6$ のとき $2x^2+1 = 73$ で不適．

$x=7$ のとき $2x^2+1 = 99$ だから $y^2-13 = 12$ から $y = 5$ を得る．

ゆえに，正の整数解は，

$(x, y) = (4, 7), (7, 5)$　……［答］

第4章　Number Theory（数論）25問　解答・解説

問題 N-7　(GCD, LCM を含む方程式)

次の方程式の正の整数解 (a,b) をすべて求めよ．

$$LCM(a,b) + GCD(a,b) + a + b = ab$$

ただし $a \geq b$ とする．また $LCM(a,b), GCD(a,b)$ は各々 a と b の最小公倍数，最大公約数を示す．

(JMO1996予選第7問)

答案例

$GCD(a,b) = g$ とし，$a = ga'$, $b = gb'$ とすると $GCD(a',b') = 1$．
また，$LCM(a,b) = ga'b'$ である．よって条件式は

$$ga'b' + g + ga' + gb' = g^2 a'b'$$

$$1 + a' + b' = (g-1)a'b' \quad \cdots\cdots ①$$

となる．①より $g \geq 2$ である．また

$$g - 1 = \frac{a' + b' + 1}{a'b'} = \frac{1}{a'} + \frac{1}{b'} + \frac{1}{a'b'} \leq 3$$

より $g \leq 4$ である．

よって，g の可能性は $g = 2, 3, 4$ に絞られる．
また，$a \geq b$ という仮定により $a' \geq b'$ である．

$g = 2$ のとき；①から $(a'-1)(b'-1) = 2$
　$a' \geq b'$ より $(a', b') = (3, 2)$　なので $(a, b) = (6, 4)$

$g = 3$ のとき；①から $(2a'-1)(2b'-1) = 3$
　$a' \geq b'$ より $(a', b') = (2, 1)$　なので $(a, b) = (6, 3)$

$g = 4$ のとき；①から $(3a'-1)(3b'-1) = 4$
　$a' \geq b'$ より $(a', b') = (1, 1)$　なので $(a, b) = (4, 4)$

以上より，正の整数解をすべて書き出すと，

$(a, b) = (6, 4), (6, 3), (4, 4)$　……[答]

第4章 Number Theory (数論) 25問　解答・解説

問題 N-8　(末尾の0の個数)

1997! を十進法で表すとき，末尾に何個の0が並ぶか？

(JMO1997予選第1問)

答案例

1997!=1·2·3……1997 の素因数分解の中に 5×2 が何組含まれるかを数えたい．また，因数5よりも因数2の方が1997!の中に多く含まれていることから，1997!に含まれる素因数5の個数を数えればよい．

以下 $A=\{1,2,3,\ldots,1996,1997\}$ として，

$1997=5\times 399+2$ なので A の中に 5^1 の倍数は399個

$1997=5^2\times 79+22$ なので A の中に 5^2 の倍数は79個

$1997=5^3\times 15+122$ なので A の中に 5^3 の倍数は15個

$1997=5^4\times 3+122$ なので A の中に 5^4 の倍数は3個

よって，1997!に含まれる素因数5の個数は $399+79+15+3=496$ である．求める個数は **496個** ……[答]

フェルマー小定理・オイラーの定理 (2)

[命題2]　(素数の倍数)

p を素数とする．このとき，任意の正の整数 n に対し，

$(n+1)^p - n^p - 1$ は p で割り切れる．

(証明) 二項定理から $(n+1)^p - n^p - 1 = \sum_{k=0}^{p} {}_p C_k n^k - n^p - 1 = \sum_{k=1}^{p-1} {}_p C_k n^k$

がいえる．[命題1]により ${}_p C_k\ (k=1,2,\cdots,p-1)$ はすべて素数 p で割り切れるから，$(n+1)^p - n^p - 1$ は p で割り切れる．(倒した)

この結果を言い換えた下記①を利用して，話が進みます．

$(n+1)^p$ と n^p+1 とは素数 p で割った余りが等しい ……①

第4章 Number Theory（数論）25問　解答・解説

問題 N–9 （10の倍数となる場合）

1998以下の正の整数 n で $n^{1998}-1$ が10の整数倍になるものは何個あるか．

(JMO1998予選第2問)

答案例

n^{1998} の1の位の数字が1であるような n を考えればよい．
つまり10を法として $n^{1998} \equiv 1 \pmod{10}$ となる n の条件を調べる．
n の1の位が奇数であることが必要．以下，mod 10 の表記を省略する．

(i) $n \equiv 1$ のとき：$n^{1998} \equiv 1^{1998} \equiv 1$ なのでよい．

(ii) $n \equiv 3$ のとき：$n^{1998} \equiv 3^{1998} \equiv 9^{999} \equiv (-1)^{999} \equiv -1 \equiv 9$ なので不適．

(iii) $n \equiv 5$ のとき：$n^{1998} \equiv 5^{1998} \equiv 5$ なので不適．

(iv) $n \equiv 7$ のとき：$n^{1998} \equiv 7^{1998} \equiv 49^{999} \equiv (-1)^{999} \equiv -1 \equiv 9$ なので不適．

(v) $n \equiv 9$ のとき：$n^{1998} \equiv 9^{1998} \equiv (-1)^{1998} \equiv 1$ なのでよい．

したがって，条件は $n \equiv 1$ または $n \equiv 9$ である．

よって1の位が1か9であるような，1998以下の自然数を数えればよい．その個数は

$$199 \times 2 + 1 = 399 \quad \cdots\cdots [答]$$

倒した！

第4章　Number Theory（数論）25問　　解答・解説

問題 N-10　（直線上の格子点）

(X, Y) を直線 $-3x + 5y = 7$ 上の格子点とするとき，$|X+Y|$ の最小値を求めよ．ただし格子点とは x 座標，y 座標がともに整数である点のことをいう．

(JMO1999予選第2問)

答案例

この直線は点 $(1, 2)$ を通るので，$-3x + 5y = 7$ ……① から
$-3 \cdot 1 + 5 \cdot 2 = 7$ ……② を辺ごとにひいて，

①－②：$-3(x-1) + 5(y-2) = 0 \iff 5(y-2) = 3(x-1)$

3と5は互いに素だから，この直線上の格子点 (X, Y) はすべて整数 k を用いて $\begin{cases} X - 1 = 5k \\ Y - 2 = 3k \end{cases} \iff \begin{cases} X = 5k + 1 \\ Y = 3k + 2 \end{cases}$ と表せる．

このとき，$|X+Y| = |8k + 3| \geq 3$ であり，等号は $k = 0$ となる $(X, Y) = (1, 2)$ において成り立つから，$|X+Y|$ の最小値は 3　……［答］

フェルマー小定理・オイラーの定理 (3)

［命題3］p を素数，n は自然数とするとき，

　　n^p と n は p で割った余りが等しい ……②

　（証明）$(n+1)^p$ と $n^p + 1$ とは素数 p で割った余りが等しい ……①
　　既出の①を用いて，命題②を，n に関する数学的帰納法で示す．
（ⅰ）$n = 1$ のとき；1^p と 1 とは p で割った余りがともに 1 で等しい．
（ⅱ）ある n で，n^p と n とが p で割った余りが等しいと仮定する．

　　$n^p + 1$ と $n + 1$ とは p で割った余りが等しい．

　　①を用いれば，$(n+1)^p$ と $n + 1$ とは p で割った余りが等しい．

　　すなわち，n が $n+1$ になっても命題②は成り立つ．

　　以上（ⅰ），（ⅱ）より帰納的に示された．　（倒した）

第4章 Number Theory（数論）25問　解答・解説

問題 N-11（$3a+5b$ の形の数）

$3a+5b$（ただし，a, b は 0 以上の整数）の形で表せない自然数の最大値を求めよ．

(JMO2000予選第2問)

答案例

［命題］8 以上の整数は 0 以上の整数 a, b を用いて $3a+5b$ と表される．

（証明）$8 = 3\cdot1 + 5\cdot1$，$9 = 3\cdot3 + 5\cdot0$，$10 = 3\cdot0 + 5\cdot2$ であり，

$n = 3a+5b$ ならば $n+3 = 3(a+1)+5b$ であることから示される．

一方，0 以上の整数 a, b では $7 = 3a+5b$ と表せないので，求める最大値は 7 である．……［答］

数理哲人の解説

［命題］一般に，p, q を 2 以上の互いに素な自然数とするとき，$pa+qb$（a, b は 0 以上の整数）の形に表すことができない自然数の最大値は $pq-p-q$ である．

（証明）中国剰余定理より，任意の自然数 n は

$n = pc+qd$（$0 \leq c \leq q-1$, c, d は整数）の形に一意に（ただ 1 組の c, d により）書ける．……①

$m = pa+qb$（a, b は 0 以上の整数）の形で書ける自然数 m は $a = rq+c$（$0 \leq c \leq q-1$, $r \geq 0$, c, r は整数）とおけば

$m = pc+q(b+rp)$ $(b+rp \geq 0)$ ……② と書ける．

①，②より，自然数 m が $m = pa+qb$（a, b は 0 以上の整数）の形で表せることと，m を $m = pc+qd$（$0 \leq c \leq q-1$, c, d は整数）の形に表したときに $d \geq 0$ となることは同値である．

よって，求める値は $m = pc+qd$（$0 \leq c \leq q-1$, c, d は整数）の形で書いたときに $d \leq -1$ となるような自然数 m の最大値である．

$c = q-1, d = -1$ のときに m は最大値 $p(q-1)+q(-1) = pq-p-q$ をとる．（倒した）

なお，本問においては，特に $p = 3, q = 5$ のとき $pq-p-q = 7$ となる．

第4章 Number Theory（数論）25問　解答・解説

問題 𝔑−12　（剰余の周期性）

$1^{2001} + 2^{2001} + 3^{2001} + \cdots + 2000^{2001} + 2001^{2001}$ を 13 で割ったときの余りを求めよ．

(JMO2001予選第5問)

答案例1

13を法とする合同算術を用いる．

$$0 \equiv 13 \equiv 26 \equiv \cdots \equiv 1989 \pmod{13},$$
$$1 \equiv 14 \equiv 27 \equiv \cdots \equiv 1990 \pmod{13},$$
$$\vdots \quad \vdots \quad \vdots \quad \vdots$$
$$12 \equiv 25 \equiv 38 \equiv \cdots \equiv 2001 \pmod{13}$$

であり，$2001 = 13 \times 153 + 12$ なので，

$$1^{2001} + 2^{2001} + \cdots + 2001^{2001} \equiv 154\left(1^{2001} + 2^{2001} + \cdots + 12^{2001}\right) \cdots\cdots ①$$

となる．また，$12 \equiv -1 \pmod{13}, 11 \equiv -2 \pmod{13}, \cdots, 7 \equiv -6 \pmod{13}$ より，$12^{2001} \equiv (-1)^{2001} \equiv -1^{2001} \pmod{13}, 11^{2001} \equiv (-2)^{2001} \equiv -2^{2001} \pmod{13}, \cdots, 7^{2001} \equiv (-6)^{2001} \equiv -6^{2001} \pmod{13}$ であることに注意すると，①の右辺の（　）の中身は13を法として0と合同である．

求める余りは 0　……［答］

答案例2

$$1^{2001} + 2^{2001} + 3^{2001} + \cdots + 2001^{2001} = \sum_{k=1}^{1000}\left(k^{2001} + (2002-k)^{2001}\right) + 1001^{2001}$$

ここで，$2002 = 13 \times 154 \equiv 0 \pmod{13}$ だから，$k = 1, 2, \cdots, 1000$ に対し，

$$k^{2001} + (2002-k)^{2001} \equiv k^{2001} + (-k)^{2001} \equiv k^{2001} - k^{2001} \equiv 0 \pmod{13}$$

である．また，$1001 = 13 \times 77 \equiv 0 \pmod{13}$ である．

よって，総和を13で割った余りは 0　……［答］

第 4 章　Number Theory（数論）25 問　　解答・解説

問題 N-13（桁の交換）

m は自然数である．$(m-2)^2$ と m^2-1 はともに 3 桁の自然数であり，それらの一方の数の百の位の数字と一の位の数字を入れ替えると他方の数に等しくなる．m として考えられる数をすべて求めよ．

(JMO2002予選第 5 問)

答案例 1

桁数の条件から $100 \leq (m-2)^2 < 1000$，$100 \leq m^2-1 < 1000$

よって $12 \leq m \leq 31$ の範囲に絞られる．

m	12	13	14	15	16	17	18	19	20	21
$(m-2)^2$	100	121	144	169	196	225	256	289	324	361
m^2-1	143	168	195	224	255	288	323	360	399	440

m	22	23	24	25	26	27	28	29	30	31
$(m-2)^2$	400	441	484	529	576	625	676	729	784	841
m^2-1	483	528	575	624	675	728	783	840	899	960

表により，$m=26$　……[答]

答案例 2

$(m-2)^2$ の百の位，十の位，一の位の数字をそれぞれ a, b, c とおくと，

$(m-2)^2 = 100a + 10b + c$ ……①

$m^2 - 1 = 100c + 10b + a$ ……②

②-①；$4m - 5 = 99(c-a)$

よって，$4m-5$ は 99 の倍数である．

桁数の条件から，$100 \leq (m-2)^2 < 1000$，$100 \leq m^2-1 < 1000$ であって，$12 \leq m \leq 31$ なので，$43 \leq 4m-5 \leq 119$ である．

したがって，$4m-5 = 99$ と決まり，$m=26$ を得る．

このとき，$(m-2)^2 = 576$，$m^2-1 = 675$ となるので十分である．

以上の議論から，$m=26$　……[答]

第4章 Number Theory（数論）25問　解答・解説

問題 N−14 （下3桁）

$2003n$ の下3桁が113となるような正の整数 n のうち，最小のものを求めよ．

(JMO2003予選第2問)

答案例

$2003n = 2n \times 1000 + 3n$ により，$2003n$ の下3桁は $3n$ の下3桁と一致する．113は3の倍数ではない．そこで，$1113, 2113, \ldots\ldots$ と順に調べて3の倍数となるものを探すことを考える．すると，$3 \times 371 = 1113$ が見つかるので，条件をみたす最小の n は

$$n = 371 \cdots\cdots \text{［答］}$$

である．

［註］　実際に確かめてみると，$2003 \times 371 = 743113$ である．

フェルマー小定理・オイラーの定理 (4)

［命題4］（フェルマー小定理）

素数 p と互いに素である a につき，$a^{p-1} \equiv 1 \pmod{p}$

すなわち，a が素数 p で割り切れないとき，a^{p-1} を p で割った余りは1である．

（証明）　［命題3］から，$a^p - a = a(a^{p-1} - 1)$ は p の倍数である．

すると，a が p と互いに素であるとき，$a^{p-1} - 1$ は p の倍数，すなわち a^{p-1} を p で割った余りは1である．（倒した）

これで，フェルマーの小定理を得ることができました．この定理は，17世紀に得られたものですが，18世紀のオイラーの定理を経て，20世紀になって，思いもよらぬ実用（応用）が見つかります．

第4章　Number Theory（数論）25問　解答・解説

問題 N-15（整数解の個数）

$7m + 3n = 10^{2004}$ をみたす正の整数の組 (m, n) で, $\dfrac{n}{m}$ が整数となるようなものはいくつあるか.

(JMO2004予選第4問)

答案例

$\dfrac{n}{m} = k$ が正の整数であるとき, $n = km$ と書くと

$$(7+3k)m = 2^{2004} \times 5^{2004}$$

となる. 右辺が素因数分解されているので,

$$7+3k = 2^i \times 5^j \quad (i, j\text{ は } 1 \text{ 以上 } 2004 \text{ 以下の整数})$$

と書ける. 正の整数 k が存在する必要十分条件を考える.

$$10 \leq 2^i \times 5^j = 3(2+k)+1$$

に注意して, 3 を法として計算する.

$$2^i \times 5^j \equiv 2^i \times 2^j = 2^{i+j} \equiv (-1)^{i+j} \equiv \begin{cases} 2 & (i+j \text{ が奇数のとき}) \\ 1 & (i+j \text{ が偶数のとき}) \end{cases} \pmod{3}$$

よって, $i+j$ は偶数であり, かつ, (i, j) が $(0, 0), (2, 0)$ 以外であることが, 必要十分条件である.

偶数の組と奇数の組の場合を考えて数えると, このような組 (i, j) は,

$$1002^2 + 1003^2 - 2 = 2010011 \text{ 個……［答］}$$

ある. 異なる組 (i, j) に対して, $2^i \times 5^j$ は異なる値をとるので, 組 (i, j) と k が 1 対 1 に対応する. よって, 2010011 個の各組 (i, j) に対して組 (m, n) はちょうど 1 つに定まる.

第4章　Number Theory（数論）25問　　解答・解説

問題 N–16（平方数の差）

50以下の正の整数 n で次の条件をみたすものはいくつあるか．

$a^2 - b^2 = n$ をみたす 0 以上の整数 a, b がただ 1 組存在する．

(JMO2005予選第7問)

答案例

$n = a^2 - b^2 = (a+b)(a-b)$ となるとき，$(a+b) - (a-b) = 2b$ より $a+b, a-b$ は偶奇をともにする．よって，n は偶奇が一致するような2つの正の整数の積に分解される．逆に，偶奇をともにするような正の整数 k, l $(k \geq l)$ により $n = kl$ と書けるとき，$a = \dfrac{k+l}{2}, b = \dfrac{k-l}{2}$ は $n = a^2 - b^2$ をみたす．したがって，偶奇をともにする正の整数の積として，ただ1通りに分解されるような n の個数を求める．

(ⅰ) n が奇数のとき；$n = kl$ の分解では k と l がともに奇数となる．このような分解がただ1通りとなる条件は，n が素数（2を除く）または1となることである．条件をみたす n は，

$n = 1, 3, 5, 7, 11, 13, 17, 19, 23, 29, 31, 37, 41, 43, 47$ の 15 個．

(ⅱ) n が偶数のとき；偶奇をともにする正の整数の積に分解されるとき，n は偶数と偶数の積，すなわち4の倍数となることが必要．

$n = 4m$ とおく．m を正の整数の積に分解する方法のひとつ $m = k'l'$ に対し，n を偶奇をともにする正の整数の積に分解する方法 $n = (2k')(2l')$ が対応する．このような分解がただ1通りになるためには，m が素数（2を含む）または1となることが必要十分である．

条件をみたす n は $n = 4, 8, 12, 20, 28, 44$ の 6 個．

以上 (ⅰ), (ⅱ) を合わせて，求める個数は

$15 + 6 = 21$ 個　……［答］

第 4 章　Number Theory（数論）25問　　解答・解説

問題 $\mathfrak{N}-17$（和が平方数）

相異なる 3 つの正の整数の組であって，どの 2 つの和も平方数になるようなもののうち，3 数の和が最小になるものをすべて求めよ．ただし「1 と 2 と 3」と「3 と 2 と 1」のように順番を並べ替えただけの組は同じものとみなす．

(JMO2006予選第 4 問)

答案例

問題の条件をみたす正整数の組を a, b, c（$a < b < c$）とおく．
正整数 x, y, z で，$a+b = x^2, a+c = y^2, b+c = z^2$

$$\Leftrightarrow a = \frac{x^2+y^2-z^2}{2},\ b = \frac{z^2+x^2-y^2}{2},\ c = \frac{y^2+z^2-x^2}{2} \quad \cdots\cdots ①$$

となるものが存在する．ここで，

$$x < y < z,\ x^2 + y^2 > z^2,\ x^2 + y^2 + z^2\ \text{は偶数} \quad \cdots\cdots ②$$

をみたすことが必要である．逆に，x, y, z が②をみたせば①で与えられる a, b, c が条件をみたす．②をみたす x, y, z のうち，$x^2+y^2+z^2$ ($=2a+2b+2c$) が最小になるものを求める．$x^2+y^2+z^2$ が偶数となるのは，x, y, z のうちに奇数がないか，または奇数が 2 個ある場合である．

（i）x, y, z がすべて偶数のとき；小さい数から順に探すと，$x^2+y^2+z^2$ が最小になるものとして $x=8, y=10, z=12$ が見つかる．

このとき $x^2+y^2+z^2 = 308$ となる．

（ii）x, y, z の中に奇数が 2 個あるとき；小さい数から順に探すと，$x^2+y^2+z^2$ が最小になるものとして $x=5, y=6, z=7$ が見つかる．

このとき $x^2+y^2+z^2 = 110$ となる．

（ii）から $a = \dfrac{5^2+6^2-7^2}{2} = 6,\ b = \dfrac{7^2+5^2-6^2}{2} = 19,\ c = \dfrac{6^2+7^2-5^2}{2} = 30$

求める 3 つの正の整数の組は $(6, 19, 30)$ のみである．……[答]

第4章 Number Theory（数論）25問　解答・解説

問題 N-18（整数の決定）

n は十の位が 0 でない 4 桁の正の整数であり，n の上 2 桁と下 2 桁をそれぞれ 2 桁の整数と考えたとき，この 2 数の積が n の約数となる．そのような n をすべて求めよ．

（JMO2007予選第4問）

答案例

n の上 2 桁と下 2 桁をそれぞれ 2 桁の整数 P, Q とすると，

$$n = 100P + Q$$

であり，PQ が $100P + Q$ を割り切る　……（∗）

　　P が $100P + Q$ を割り切るので，P は Q を割り切る．

$Q = kP$（$k \in \mathbb{N}$）とおく．P, Q は 2 桁の整数だから，

$$10 \leq P,\quad kP = Q < 100$$

すなわち，$10 \leq P < \dfrac{100}{k}$

（∗）より，$PQ = kP^2$ が $100P + Q = (100 + k)P$ を割り切る．

よって，kP が $100 + k$ を割り切る．

k が $100 + k$ を割り切るので，k は 100 の約数であることが必要．

$$k = 1, 2, 4, 5\ (< 10)$$

kP が $100 + k$ を割り切ることから，

　　$k = 1$ として，2 桁の P が 101 を割り切ることはない．

　　$k = 2$ として，$2P$ が 102 を割り切るとき $P = 17$，$Q = 34$

　　$k = 3$ として，2 桁の P が 103 を割り切ることはない．

　　$k = 4$ として，$4P$ が 104 を割り切るとき $P = 13$，$Q = 52$

以上から，

　　$n = 1734, 1352$　……［答］

に絞られて，これらは条件をみたし十分である．

第4章　Number Theory（数論）25問　解答・解説

問題 N-19 （最小公倍数）

4つの相異なる1桁の正の整数がある．これらの最小公倍数として考えられる最大の値を求めよ．

(JMO2008予選第1問)

答案例

1桁の素数は $2,3,5,7$ に限る．
1桁の正の整数の素因数分解において，$2,3,5,7$ の指数はそれぞれ $3,2,1,1$ を超えないことから，4つの1桁の正の整数の最小公倍数は
$$2^3 \times 3^2 \times 5 \times 7 = 8 \times 9 \times 5 \times 7 = 2520$$
を割り切る．
　4つの数として $8,9,5,7$ をとれば，
これらの最小公倍数は 2520 となる．……［答］

フェルマー小定理・オイラーの定理 (5)

［命題5］（オイラーの定理）
　素数 p,q の積 n に対し，a と n とが互いに素であるならば，
$$a^{(p-1)(q-1)} \equiv 1 \pmod{n}$$
（証明）フェルマーの小定理 $a^{p-1} \equiv 1 \pmod{p}$ より
$$a^{(p-1)(q-1)} \equiv 1^{q-1} \equiv 1 \pmod{p}$$
p,q を交換しても同様だから，$a^{(q-1)(p-1)} \equiv 1 \pmod{q}$
すなわち，$a^{(p-1)(q-1)} - 1$ は p,q の公倍数となるので，
$$a^{(p-1)(q-1)} - 1 \equiv 0 \pmod{pq} \rightleftarrows a^{(p-1)(q-1)} \equiv 1 \pmod{n} \quad \text{（倒した）}$$
これで，18世紀の成果までたどりつきました．

第4章　Number Theory（数論）25問　　解答・解説

問題 N—20（連立方程式）

次の2つの式をみたす正の整数の組 (a, b, c) をすべて求めよ.
ただし，3つの数の並ぶ順番が異なる組は区別する．

$$\begin{cases} ab + c = 13 \\ a + bc = 23 \end{cases}$$

(JMO2009予選第3問)

答案例1

$(ab + c) + (a + bc) = (b+1)(a+c) = 36,$

$(a + bc) - (ab + c) = (b-1)(c-a) = 10$

$b+1, b-1$ はそれぞれ $36, 10$ の約数であるが，$b+1$ と $b-1$ の差が 2 であることから，このような b は $2, 3, 11$ に限る.

　$b = 2$ のとき；$a + c = 12, c - a = 10$ より $(a, b, c) = (1, 2, 11)$

　$b = 3$ のとき；$a + c = 9, c - a = 5$ より $(a, b, c) = (2, 3, 7)$

　$b = 11$ のとき；$a + c = 3, c - a = 1$ より $(a, b, c) = (1, 11, 2)$

これらの組はいずれも条件をみたす．

求める組 (a, b, c) は $(1, 2, 11), (1, 11, 2), (2, 3, 7)$ の3組である．……［答］

答案例2

$ab + c = 13$ より，ab と c は12以下の正の整数である．ab を消去して c の2次関数を考え，$ab \times c = (13 - c)c = -\left(c - \dfrac{13}{2}\right)^2 + \left(\dfrac{13}{2}\right)^2 \leq \dfrac{169}{4} = 42 + \dfrac{1}{4}$

よって $a \times bc \leq 42$ である．

$a + bc = 23$ も考慮して，正整数 a は $a = 1, 2, 21, 22$ に限る．

$a = 21$ のとき $ab + c > 21$ となり不適．同様に $a = 22$ のときも不適．

$a = 1$ のとき；$b + c = 13, bc = 22$ より $(a, b, c) = (1, 2, 11), (1, 11, 2)$ ……［答］

$a = 2$ のとき；$2b + c = 13, bc = 21$ より $(a, b, c) = (2, 3, 7)$　　……［答］

第 4 章　Number Theory（数論）25 問　　解答・解説

> 問題 𝒩−2.1（桁の並べ替え）

各桁の数字が相異なり，どれも 0 でないような 3 桁の正の整数 n がある．n の各桁の数字を並べ換えてできる 6 つの数の最大公約数を g とする．g として考えられる最大の値を求めよ．

(JMO2010 予選第 3 問)

> 答案例

n の各桁の数字を小さい順に a, b, c （$0 < a < b < c \leq 9$）とする．6 つの数は大きい順に $100c+10b+a, 100c+10a+b, 100b+10c+a, 100b+10a+c, 100a+10c+b, 100a+10b+c$ である．これらの公約数である g は
$(100c+10b+a)-(100c+10a+b) = 9(b-a)$ の約数である．

同様に g は $9(c-b), 9(c-a)$ の約数でもある．$x = b-a, y = c-b, z = c-a$ とすると，

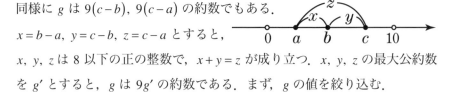

x, y, z は 8 以下の正の整数で，$x+y=z$ が成り立つ．x, y, z の最大公約数を g' とすると，g は $9g'$ の約数である．まず，g の値を絞り込む．

(ⅰ) $g' \geq 5$ のとき；8 以下の正の整数で g' の倍数は高々 1 つしかない．
　　$x+y=z$ が成立しない．よって，$g' \geq 5$ ではないから $g \leq 9g' < 45$

(ⅱ) $g' = 4$ のとき；8 以下の正の整数で 4 の倍数は 4, 8 だけである．
　　$x+y=z$ より $(x, y, z) = (4, 4, 8)$ に決まる．$(a, b, c) = (1, 5, 9)$ から，
　　159, 195, 519, 591, 915, 951 の最大公約数は $g = 3$ である．

(ⅲ) $g' = 3$ のとき；8 以下の正の整数で 3 の倍数は 3, 6 だけである．
　　$x+y=z$ より $(x, y, z) = (3, 3, 6)$ に決まる．

　　このとき，$(a, b, c) = (1, 4, 7), (2, 5, 8), (3, 6, 9)$ のいずれかであり，

　　最大公約数 g を求めると，それぞれ 3, 3, 9 となる．

(ⅳ) $g' \leq 2$ のとき；g は $9g'$ を割り切るので $g \leq 9g' \leq 18$ である．

第4章 Number Theory（数論）25問　解答・解説

以上の議論から，g には上限があって $g \leq 18$ である．

以下では，$g = 18$ となる例の存在を示す．

8以下の正の整数のうち2で割り切れるものは $2, 4, 6, 8$ の4つなので，$(x, y, z) = (2, 2, 4), (2, 4, 6), (2, 6, 8), (4, 4, 8)$ のいずれかである．$(x, y, z) = (4, 4, 8)$ は（ii）で検討済みで，$g = 3$

$(x, y, z) = (2, 2, 4)$ の場合，$(a, b, c) = (1, 3, 5), (2, 4, 6), (3, 5, 7),$ $(4, 6, 8), (5, 7, 9)$ なので，g はそれぞれ $9, 6, 3, 18, 3$ である．

$n = 468$（またはその並べ替え）のとき；

$468 = 18 \times 26, \quad 486 = 18 \times 27, \quad 648 = 18 \times 36,$
$684 = 18 \times 38, \quad 846 = 18 \times 47, \quad 864 = 18 \times 48$

で $g = 18$ となったので，

g の最大値は 18　……［答］

問題 N-22　(剰余と周期性)

2011以下の正の整数のうち3で割って1余るものの総和を A，3で割って2余るものの総和を B とする．$A - B$ を求めよ．

(JMO2011予選第2問)

答案例

$2011 = 3 \cdot 670 + 1$ に注意する．$3k + 1$（$k = 0, 1, \cdots, 669, 670$）の総和が A であり，$3k + 2$（$k = 0, 1, \cdots, 669$）の総和が B である．
$0 \leq k \leq 669$ のそれぞれに対して $(3k + 1) - (3k + 2) = -1$ なので，総和の差は

$A - B = (-1) \times 670 + (3 \cdot 670 + 1)$
$\qquad = 1341$　……［答］

第4章　Number Theory（数論）25問　　解答・解説

問題 N−23（条件を満たす最小の整数）

A を 3 の倍数であるが 9 の倍数ではない正の整数とする．A の各桁の積を A に足すと 9 の倍数になった．このとき，A としてありうる最小の値を求めよ．

(JMO2012予選第4問)

答案例1

［発見的解法］3 の倍数であるが 9 の倍数ではない正の整数 A は，負でない整数 k を用いて $A = 3(3k+1) = 9k+3$ または $A = 3(3k+2) = 9k+6$ の形に書ける．

$k = 0, 1, 2, \cdots\cdots$ として探していく．

3，6，12，15，21，24，30，33，39，42，48，51，57，60，66，69，75，78，84，87，93，96，102，105，111，114，120，123，129，132，138

ここで，$138 + 1 \times 3 \times 8 = 162 = 9 \times 18$ であり，条件をみたす最小の数は

　　　138　　……［答］

答案例2

［事実の確認］138 は 3 の倍数であるが 9 の倍数ではなく，$138 + 1 \times 3 \times 8 = 162$ は 9 の倍数であるから条件をみたす．

［最小性の論証］以下では，$A < 138$ であるような A が条件をみたし得ないことを示す．問題の条件より，A の各桁の積もまた 3 の倍数であり 9 の倍数ではないことがわかる．よって，

(*) A は 3 か 6 をちょうど 1 つの桁に含み，0 や 9 を 1 つも含まない．

A が 1 桁のとき 3 も 6 も条件をみたさないので不適．

A が 2 桁以上のとき，$A = 10a + b$（a は正の整数，b は 0 以上 9 以下の整数）とする．$A < 138$ より，$a \leq 13$ である．

　（ⅰ）$b = 3, 6$ のとき；

　　　$10a = A - b$ は 3 の倍数なので，a も 3 の倍数である．このとき $a = 3, 6, 9$ は条件 (*) に反するので $a = 12$．

146

第4章　Number Theory（数論）25問　　解答・解説

　　A は 9 の倍数でないので $A = 126$ は不適.
　　$A = 123$ も $123 + 1 \times 2 \times 3 = 129$ は 9 の倍数でないから不適.
（ⅱ）$b \neq 3, 6$ のとき；

　　条件 (*) より a は 3 か 6 を桁に含む.

　　$a = 3, 6$ のときは $b = A - 10a$ が 3 の倍数になるが，$b = 0, 3, 6, 9$ は

　　条件 (*) に反する．$a = 13$ のとき，132 しかないが，

　　$132 + 1 \times 3 \times 2 = 138$ は 9 の倍数でないから不適.

　以上より，問題の条件をみたす最小の数は 138　……［答］

問題 $\mathfrak{N} - 24$（3数の最小公倍数）

3つの正の整数 x, y, z の最小公倍数が 2100 であるとき，$x + y + z$ としてありうる最小の値を求めよ.　　　　　　　　　　　（JMO2013予選第1問）

答案例

$2100 = 2^2 \cdot 3 \cdot 5^2 \cdot 7$ に注意して，$x = 5^2 = 25$，$y = 7$，$z = 2^2 \cdot 3 = 12$ という例を考えると，x, y, z の最小公倍数が 2100 で，$x + y + z = 44$ となる．これが求める最小値であることを示す.

x, y, z の最小公倍数が 2100 で，$x + y + z < 44$ が成り立ったと仮定する．x, y, z の中には 5^2 の倍数が存在する．文字の対称性から x が 5^2 の倍数であるとしてよい．$5^2 \cdot 2 > 44$ なので，$x + y + z < 44$ から，$x = 5^2 = 25$ と決まる．よって，$y + z < 19$ であり，y と z のいずれかに 2^2 の倍数，3 の倍数，7 の倍数が存在することになる．文字の対称性より y が 7 の倍数であるとしてよい．$2^2 \cdot 7 > 19$，$3 \cdot 7 > 19$ なので，y は 2^2 の倍数および 3 の倍数のいずれにもなり得ない．よってこの場合 z は $2^2 \cdot 3 = 12$ の倍数である．このとき $x + y + z \geq 25 + 7 + 12 = 44$ となり，$x + y + z < 44$ と矛盾する．つまり，x, y, z の最小公倍数が 2100 のもとで，$x + y + z < 44$ とすることができない．以上より，求める最小の値は 44　……［答］

第4章　Number Theory（数論）25問　　解答・解説

問題 N−25 （互いに素）

2つの黒板 A, B があり，それぞれの黒板に2以上20以下の相異なる整数がいくつか書かれている．A に書かれた数と B に書かれた数を1つずつとってくると，その2つは必ず互いに素になっている．このとき，A に書かれている整数の個数と B に書かれている整数の個数の積としてありうる最大の値を求めよ．

(JMO2014予選第6問)

答案例

黒板 A に書かれている整数の集合を A，黒板 B に書かれている整数の集合を B とし，要素の個数をそれぞれ $n(A), n(B)$ と表す．

$$A = \{2, 3, 4, 5, 6, 8, 9, 10, 12, 15, 16, 18, 20\}, B = \{7, 11, 13, 17, 19\}$$

としてみると問いの条件を満たしていて，$n(A) \cdot n(B) = 13 \times 5 = 65$ である．これが求める最大の値であることを示す．

ここでは，$n(A) \cdot n(B) > 65$ ……① と仮定して矛盾を導く．

$n(A) + n(B) \geq 2\sqrt{n(A) \cdot n(B)} > 2\sqrt{65} > 2 \times 8 = 16$ より，$n(A) + n(B) \geq 17$

よって，2以上20以下の整数（19個）のうち A にも B にも属さないものは高々2個である．よって6，12，18のうち少なくとも1つは A, B のいずれかに属すことになるが，ここではそれを A としてよい．

A の任意の要素と B の任意の要素が互いに素であることから，2の倍数が属するのは A, B の一方だけであり，3の倍数が属するのも A, B の一方だけである．いま6，12，18のうちの少なくとも1つが A に属すので，2の倍数，3の倍数はすべて A に属す．

ここで，2以上20以下の整数のうち2の倍数でも3の倍数でもないものは 5, 7, 11, 13, 17, 19 の6個なので，$n(B) \leq 6$ である．

・$n(B) = 6$ のとき；$B = \{5, 7, 11, 13, 17, 19\}$ と決まる．

第4章　Number Theory（数論）25問　　解答・解説

5 の倍数と 7 の倍数である $10, 14, 15, 20$ は A に属さない．

$n(A) \leq 9$ から $n(A) \cdot n(B) \leq 54$ であり①に矛盾する．

・$n(B) = 5$ のとき；$5, 7, 11, 13, 17, 19$ のうちの 5 個が A に属するので，

5 か 7 のいずれかは B に属する．

よって，10 または 14 は A に属さない．

$n(A) \leq 13$ から $n(A) \cdot n(B) \leq 65$ であり①に矛盾する．

・$n(B) \leq 4$ のとき；$n(A) \cdot n(B) \leq \{19 - n(B)\} \cdot n(B)$ および 2 次関数の考察

から $n(A) \cdot n(B) \leq \{19 - n(B)\} \cdot n(B) \leq 60$ であり①に矛盾する．

いずれの場合も矛盾が生じるので，$n(A) \cdot n(B)$ のとりうる最大値は

65　……[答]

フェルマー小定理・オイラーの定理 (6)

　数論におけるオイラーの定理は，現代の通信技術に深い影響を遺しています．「社会的応用」がなさそうな数論分野ですが，この定理の発見から 2 世紀を経て《RSA暗号》（1977年発明）という応用技術が見つかり，現代の通信社会における信用形成の根底を支えています．これでネット上で安全に《情報の送受信》が可能となり，通信革命につながったのです．さらに21世紀に入ると，正体不明のサトシ・ナカモト氏による論文 "Bitcoin: A peer-to-peer Electric Cash System"（2009年）で示された《ブロック・チェーン》という新しい概念により，《価値の送受信》が可能となりました．ネットワーク上で，情報だけでなく価値をやりとりできることを《数学が保障》する技術につながったのです．はじまりは数論でした．

競技数学で固有に重視される分野項目

　数学オリンピック大会で出題される分野は，A(代数)・C(組合せ)・G(幾何)・N(数論)とされており，日本の学校カリキュラムで学ぶ数学分野の全体を覆うわけではありません（背景については 8 ページ参照）．一方で，学校では学ばないけれども数学オリンピックでは出題される内容も存在します．ＪＭＯ予選突破だけを目指すのであれば（全体の半分強を倒せばよいので）全分野に強くなる必要はありません．一方，もし日本代表を目指すとか，数学専攻に近い分野を学びたいということであれば，下記のリストにあるような，競技数学固有の項目も修得したいものです．

　A(代数)では，既知《絶対不等式》を利用した不等式の証明や最大最小問題，条件をみたす関数をすべて決定する《関数方程式》あたりが，慣れを必要とする分野です．

　C(組合せ)では《対戦型ゲーム》や《手続き》の問題，集合論の特論ともいえる《グラフ理論》あたりに，慣れが必要です．

　G(幾何)では《幾何不等式》が学校数学にあまり見られないこと，論証を重視する《初等幾何》に重点が置かれることのほか，ベクトルや複素数を利用した《解析幾何》にも注意が必要です．

　N(数論)では，《古典数論》のさまざまな理論を学ぶことと，整数の《離散性に基づく戦術》の獲得が必要です．

　これらを学ぶ手段としては，まずは書籍を使うことから始めましょう．問題の倒し方を練習する前にまず，体系的・系統的に理論から学びたいという方には『数学オリンピック事典』（朝倉書店）を，世界のレベルを踏まえた問題演習に向き合いたいという方には『競技数学アスリートをめざそう①〜④』（現代数学社）を，お薦めします．

　また，オリンピック・アスリートを目指すために指導者に付きたい，切磋琢磨の機会を得たいという方には，東京（目黒区・文京区）所在の教室（ http://www.prepass.co.jp/ ）で私が《名人多面打ち型》個別スパーリングを実施しています（小学生から高校生まで）．

第5章
数理哲人からの12問 解答・解説

第5章 数理哲人からの12問　解答・解説

問題 Ⅰ-1 （1次不定方程式）

$37m+13n=1$ を満たす整数の組 m, n のうち，m の値が正で最小であるものを求めよ．

答案例

37と13は互いに素なので，$37m+13n=1$ を満たす整数 m, n の組は存在する．これを求めるには，37と13の間でユークリッド互除法を用いる．

$$37 = 13 \times 2 + 11 \quad \cdots\cdots ①$$
$$13 = 11 \times 1 + 2 \quad \cdots\cdots ②$$
$$11 = 2 \times 5 + 1 \quad \cdots\cdots ③$$

③より　$1 = 11 - 2 \times 5$

②より　$ = 11 - (13-11) \times 5 = 13 \times (-5) + 11 \times 6$

①より　$ = 13 \times (-5) + (37 - 13 \times 2) \times 6$

$ = 37 \times 6 + 13 \times (-17)$

よって，m の値が正で最小である解として，

$$m = 6, \ n = -17 \quad \cdots\cdots [答]$$

を得る．

第5章 数理哲人からの12問　解答・解説

問題 Ⅰ-2（カタラン数）

赤玉 5 個と白玉 5 個の合わせて 10 個の球を，横一列に左から並べていく．その途中，並んでいる玉が何個のときをみても，白玉の数が赤玉の数を超えないという．このような配列の順序は何通りあるか．ただし，同じ色の玉は区別をしないものとする．

答案例

「図の○をスタートして△にたどり着くのが何通りか」を数えればよい．
（「北に進む」は「赤玉を並べる」，「東に進む」は「白玉を並べる」）．
各交点まで何通りかは図に書き込んだ通りであるから，

　　　42 通り　……［答］

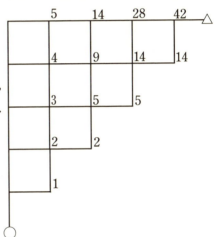

参考

赤玉 n 個，白玉 n 個のときは，$\dfrac{{}_{2n}\mathrm{C}_n}{n+1}$ 通り．

この数を，カタラン数という．
n 番目のカタラン数を C_n と表記する．本問の 42 は，C_5 の値である．

第5章 数理哲人からの12問　解答・解説

問題 Ⅰ-3（角速度の推定）

図のような模様の円盤が一定の角速度 ω で反時計まわりに回転している．その様子を1秒間に30コマの速さで撮影し，これを映写したところ，円盤は時計まわりに周期4秒で回転しているように見えた．

角速度 ω[rad/s] として考えられる値の最小値を求めよ．

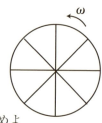

答案例

$\dfrac{1}{30}$ 秒で $-3°$ 回っているように見えるので，

実際には $\dfrac{1}{30}$ 秒で $(42+45n)°$ だけ回っている（n は自然数）．

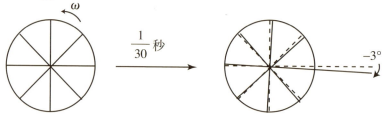

よって，1秒あたりの回転角は，

$$30(42+45n)° = 90(14+15n)° = \dfrac{(14+15n)\pi}{2}[\text{rad}]$$

角速度が最小になるのは $n=0$ の場合で，

$$1260°[/\text{s}] = 7\pi[\text{rad/s}] \quad \cdots\cdots [\text{答}]$$

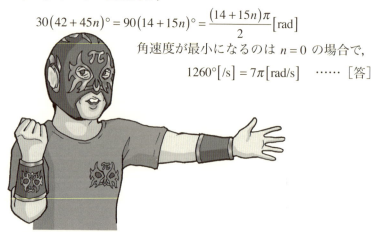

第5章 数理哲人からの12問　解答・解説

問題 Ⅰ−4（無理数の表示方法）

$(2-\sqrt{3})^5 = \sqrt{m} - \sqrt{m-1}$ となる正の整数 m を求めよ．

答案例

$$(2-\sqrt{3})^2 = 7 - 4\sqrt{3}$$

$$(2-\sqrt{3})^3 = 26 - 15\sqrt{3}$$

$$(2-\sqrt{3})^5 = (2-\sqrt{3})^2 (2-\sqrt{3})^3$$
$$= (7-4\sqrt{3})(26-15\sqrt{3})$$
$$= 362 - 209\sqrt{3} = \sqrt{362^2} - \sqrt{3 \cdot 209^2}$$
$$= \sqrt{131044} - \sqrt{131043}$$

以上の計算から，$m = 131044$　……［答］

数理哲人の解説

実は，一般に次の命題が知られている．

［命題］自然数 $n = 1, 2, 3, \cdots\cdots$ に対して，$(2-\sqrt{3})^n$ という形の数を考えると，これらの数はいずれも，それぞれ適当な自然数 m が存在して $\sqrt{m} - \sqrt{m-1}$ という表示をもつ．

実際，$(2-\sqrt{3})^2 = 7 - 4\sqrt{3} = \sqrt{49} - \sqrt{48}$

$(2-\sqrt{3})^3 = 26 - 15\sqrt{3} = \sqrt{676} - \sqrt{675}$

$(2-\sqrt{3})^4 = 97 - 56\sqrt{3} = \sqrt{9409} - \sqrt{9408}$

$(2-\sqrt{3})^5 = 362 - 209\sqrt{3} = \sqrt{131044} - \sqrt{131043}$

となっている．以下では，この［命題］を証明しておこう．ここまで見たような数値実験により，適当な自然数 a_n, b_n が存在して，

第5章 数理哲人からの12問　解答・解説

$$\begin{cases} (2+\sqrt{3})^n = a_n + b_n\sqrt{3} \\ (2-\sqrt{3})^n = a_n - b_n\sqrt{3} \end{cases} \quad \cdots\cdots (*)$$

と表されることが予想される．実際 $a_1 = 2, b_1 = 1$ ……①であり，

$$(2\pm\sqrt{3})^{n+1} = (2\pm\sqrt{3})^n(2\pm\sqrt{3})$$
$$= (a_n \pm b_n\sqrt{3})(2\pm\sqrt{3})$$
$$= (2a_n + 3b_n) \pm (a_n + 2b_n)\sqrt{3} \quad (\text{複号同順})$$

なので，$a_{n+1} = 2a_n + 3b_n$ ……②

$\qquad b_{n+1} = a_n + 2b_n$ ……③

によって a_{n+1}, b_{n+1} を定めると，これらは自然数で

$$(2\pm\sqrt{3})^{n+1} = a_{n+1} \pm b_{n+1}\sqrt{3} \quad (\text{複号同順})$$

をみたす．数学的帰納法により，(*)を倒した．

初期値①および漸化式②，③によって定められる自然数 a_n, b_n は，

$$(2-\sqrt{3})^n(2+\sqrt{3})^n = (a_n + b_n\sqrt{3})(a_n - b_n\sqrt{3})$$
$$1 = a_n^2 - 3b_n^2$$

をみたすから，

$$(2-\sqrt{3})^n = a_n - b_n\sqrt{3}$$
$$= \sqrt{a_n^2} - \sqrt{3b_n^2}$$
$$= \sqrt{a_n^2} - \sqrt{a_n^2 - 1}$$

と表される．

第5章 数理哲人からの12問　解答・解説

問題 2-5 （内接円の半径）

1辺の長さが1の正方形 ABCD の辺 BC 上に点 E をとる．△ABE，△ACE の内接円の半径が等しいとき，その半径の長さを求めよ．

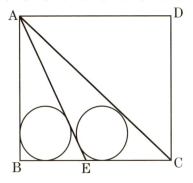

答案例

三角形 ABE，三角形 ACE の内心をそれぞれ I_1, I_2 とし，AB，AC と円の接点を H_1, H_2 とする．また，$\angle BAI_1 = \theta$，$\angle CAI_2 = \phi$ とおく．

$$\angle BAC = 2(\theta + \phi) = 45° \quad \cdots\cdots ①$$

内接円の半径を r とし，直角三角形 AI_1H_1，AI_2H_2 に注目すると，

$$AB = r + \frac{r}{\tan\theta} = 1 \quad \cdots\cdots ②$$

$$AC = \frac{r}{\tan\dfrac{45°}{2}} + \frac{r}{\tan\phi}$$

$$= \sqrt{2} \quad \cdots\cdots ③$$

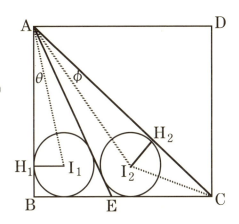

ここで，$t = \tan\dfrac{45°}{2}$ とおくと，

$1 = \tan 45° = \dfrac{2t}{1-t^2}$ から，$t^2 + 2t - 1 = 0$ である．

$$\therefore\ t = \tan\frac{45°}{2} = \sqrt{2} - 1$$

第5章　数理哲人からの12問　　解答・解説

さらに①より，
$$\tan\phi = \tan\left(\frac{45°}{2} - \phi\right) = \frac{t - \tan\theta}{1 + t \cdot \tan\theta} = \frac{\sqrt{2} - 1 - \tan\theta}{1 + (\sqrt{2} - 1)\tan\theta}$$

これらを③に代入すると，
$$\sqrt{2} = r\left\{\frac{1}{\sqrt{2} - 1} + \frac{1 + (\sqrt{2} - 1)\cdot\tan\theta}{\sqrt{2} - 1 - \tan\theta}\right\}$$

②より，$\tan\theta = \dfrac{r}{1 - r}$ なので，

$$\sqrt{2} = r\left\{\frac{1}{\sqrt{2} - 1} + \frac{1 + (\sqrt{2} - 1)\cdot\dfrac{r}{1 - r}}{\sqrt{2} - 1 - \dfrac{r}{1 - r}}\right\}$$

$$= r\left\{\sqrt{2} + 1 + \frac{(\sqrt{2} - 2)r + 1}{(\sqrt{2} - 1) - \sqrt{2}r}\right\}$$

分母を払って整理すると，
$$4r^2 - 4r + 2 - \sqrt{2} = 0$$

$$\therefore r = \frac{2 \pm \sqrt{4 - 4(2 - \sqrt{2})}}{4} = \frac{1 \pm \sqrt{\sqrt{2} - 1}}{2}$$

問題の図から $r < \dfrac{1}{2}$ とわかるから，

$$r = \frac{1 - \sqrt{\sqrt{2} - 1}}{2} \quad \cdots\cdots \text{［答］}$$

158

第5章 数理哲人からの12問　解答・解説

問題 I-6（寿司ネタの食べ合わせ）

キミが，何かのご褒美で回転寿しを10皿おごってもらうことになった．ところが寿司屋に行ってみると，あわび，いくら，うに，えんがわ，の4種類のネタしか提供できないという．さらに，あわびは残り2皿しかないという．これら4種類の中から10皿を食べる組合せは何通りあるか．ただし，全く食べないネタがあっても構わない．また，食べる順序の違いは区別しないものとする．

答案例1

4種類の寿司ネタを「あ」「い」「う」「え」と略記する．
10個の"○"と3個の仕切り"❙"を一列に並べる ……(*)
ことを考える．たとえば，

○○○○○○○○○○❙❙❙

を並べ替えて，

○○○○❙○○○❙○❙○○

になったとき，仕切りを境に寿司ネタを変えて，

あ あ あ あ い い い う え え

の組合せにすると考える．

このように考えると，4種類の寿司ネタから10皿を選ぶ組合せと(*)の並べ方とが1対1に対応する．これは，4種から10個を選び出す重複組合せに等しいから，$_4H_{10} = {}_{13}C_3 = 286$ （通り）

ところが，条件「あわびは残り2皿しかない」を考慮しなければならないので，あわびを何皿食べるのかで場合を分けて数える．

あわびを食べない；3種から10皿を食べる方法は

$$_3H_{10} = {}_{12}C_2 = 66 \text{ （通り）}$$

あわびを1皿食べる；3種から9皿を食べる方法は

$$_3H_9 = {}_{11}C_2 = 55 \text{ （通り）}$$

あわびを2皿食べる；3種から8皿を食べる方法は

第5章 数理哲人からの12問　解答・解説

$$_3H_8 = {}_{10}C_2 = 45 \quad （通り）$$

これらは重複なくすべての場合を尽くすから，

$$66 + 55 + 45 = 166 \quad （通り） \quad \cdots\cdots [答]$$

◆◇◆◇◆◇◆◇◆◇◆◇（ 数理哲人の解説 ）◇◆◇◆◇◆◇◆◇◆◇◆

「4種類のものから繰り返しを許して10個をとり出す重複組合せの数」を，記号で $_4H_{10}$ と書く．上記で考えたように，その値は

$$_4H_{10} = {}_{10+(4-1)}C_{(4-1)} = {}_{13}C_3$$

となる．一般に「n 種のものから繰り返しを許して r 個をとり出す重複組合せの数」を，記号で $_nH_r$ と書く．その値は

$$_nH_r = {}_{r+(n-1)}C_{n-1} = {}_{n+r-1}C_r$$

となる．先の解答と同様に「$r+n-1$ 個の "○" の列から，$n-1$ か所の "○" を選んで仕切り "|" にとりかえる」と考えればよい．

（ 答案例2 ）

図のように 3×10 のサイズの格子を考える．
東西に走る4本の道は，それぞれ10区画に及んでいて，
1つの区画を東に移動することは1つの寿司皿を食べることを表す．
すると，図の "in" から "out" までの最短経路の1つと，
4種から10皿を食べる方法の1つが，1対1に対応する．

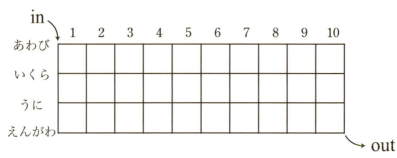

第5章 数理哲人からの12問　解答・解説

その場合の数は，$_{13}C_3 = 286$ （通り）

ここで，「あわびは残り2皿しかない」という制限を考慮すると，上で考えた格子の道は，次のように変更される．

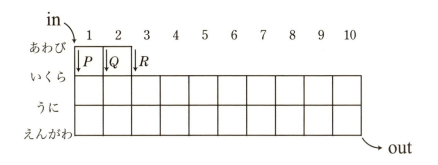

図のなかで，P, Q, Rの3つの経路のうちの1つを必ず通過しなければならず，また，これらのうちの2つを通過する経路は存在しない．

　　　P を通る経路；$_{12}C_2 = 66$ （通り）

　　　Q を通る経路；$_{11}C_2 = 55$ （通り）

　　　R を通る経路；$_{10}C_2 = 45$ （通り）

これらをあわせて，

　　　$66 + 55 + 45 = 166$ （通り）

　　　　　　　……［答］

第5章　数理哲人からの12問　　解答・解説

> **問題 Σ-7**　(山の分割)

100個のコインからなる山を，2つの山に分ける．それぞれの山に含まれるコインの個数を数えて，それらの積を紙に記録する．さらに，それぞれのコインの山を2つに分け，分けた山それぞれに含まれるコインの個数を数えて，それらの積を記録する．この作業を繰り返し，すべての山が1個のコインだけになるまで続ける．「1つのコインの山を2つに分け，分けた2つの山に含まれるコインの個数の積を記録する」作業を「山の分割」と呼ぶことにする．山の分割の繰り返しが終了した時点で，記録した数のすべての和を求めよ．

> **答案例**

「100個のコインからなる山」を「n個のコインからなる山」と一般化し，山の分割の繰り返しが終了した時点で，記録した数のすべての和を X_n とする．ただし，$X_1 = 0$ と定義する．

[註] 具体的な値をいくつか示しておく；

$n = 2$ のとき；$X_2 = 1 \times 1 = 1$

$n = 3$ のとき；$X_3 = 1 \times 2 + 1 \times 1 = 3$

$n = 4$ のとき；$X_4 = 1 \times 3 + 1 \times 2 + 1 \times 1 = 6$

あるいは $X_4 = 2 \times 2 + 1 \times 1 + 1 \times 1 = 6$

$n = 5$ のとき；$X_5 = 1 \times 4 + 1 \times 3 + 1 \times 2 + 1 \times 1 = 10$

あるいは $X_5 = 2 \times 3 + 1 \times 2 + 1 \times 1 + 1 \times 1 = 10$

[補題] ひとつの n の値に対して，山の分割を繰り返す手順は複数の方法が考えられるが，いかなる分割方法を選択しても X_n はひとつに決まる．
(証明)

n 個のコインからなる山に対して，山の分割の繰り返しが終了した時点までに，山の分割は必ず $n-1$ 回行われる．

ここで，n 個のコインからなる山を最初に k 枚と $n-k$ 枚の2つの山

第5章　数理哲人からの12問　解答・解説

に分割することを考えると，$0 < k < n$ に対して，
$$X_n = X_k + X_{n-k} + k(n-k) \quad \cdots\cdots ①$$
が成り立つ．$X_2 = 1$，$X_3 = 3$，$X_4 = 6$，$X_5 = 10$ などから，
$$X_n - X_{n-1} = n - 1 \quad \cdots\cdots ②$$
と予想される．仮説②を認めれば，$n \geq 2$ のとき
$$X_n = X_1 + \sum_{m=1}^{n-1}(X_{m+1} - X_m) = 0 + \sum_{m=1}^{n-1} m = \frac{1}{2}(n-1)n \quad \cdots\cdots ③$$
となる．任意の自然数 n について③が正しいことを数学的帰納法を用いて証明するには，任意の自然数 k ($k < n$) について③を仮定すると必ず①の右辺が $\frac{1}{2}(n-1)n$ になることを示せばよい．

数学的帰納法の仮定から，
$$X_k = \frac{1}{2}(k-1)k , \quad X_{n-k} = \frac{1}{2}(n-k-1)(n-k)$$
であり，①の右辺は
$$X_k + X_{n-k} + k(n-k) = \frac{1}{2}(k-1)k + \frac{1}{2}(n-k-1)(n-k) + k(n-k)$$
$$= \frac{1}{2}\{(k-1)k + (n-k-1)(n-k) + 2k(n-k)\}$$
$$= \frac{1}{2}(n-1)n$$
となる．

以上から，いかなる分割方法を選択しても $X_n = \frac{1}{2}(n-1)n$ である．

本問では $n = 100$ であったから，
$$X_{100} = \frac{1}{2} \cdot 99 \cdot 100 = 4950 \quad \cdots\cdots [答]$$

第5章 数理哲人からの12問　解答・解説

問題 T-8（回文数の決定）

10進法で表された17桁の整数 $aaaaaaaabaaaaaaaa_{(10)}$ が17の倍数となるような組 (a,b) をすべて求めよ．

答案例

17を法とする合同式で考える．

$$aaaaaaaabaaaaaaaa_{(10)} = a \times 11111111011111111 + b \times 10^8$$

であることに注意をする．

$$11111111 \equiv 13 \pmod{17}, \quad 10^9 \equiv 7 \pmod{17}$$

$$11111111 \times 10^9 \equiv 13 \times 7 \equiv 6 \pmod{17}$$

$$10^8 \equiv -1 \pmod{17}$$

これらのことから，

$$aaaaaaaabaaaaaaaa_{(10)} = a \times 11111111011111111 + b \times 10^8$$
$$\equiv 6a - b + 13a$$
$$\equiv 2a - b \pmod{17}$$

ここで $2a - b \equiv 0 \pmod{17}$ となるとき，
$2a = b + 17m$ となる整数 m が存在する．
a を1から9まで変えながら順に探索すると，
$(a,b) = (1,2), (2,4), (3,6), (4,8), (9,1)$ ……［答］
の5組がすべてである．

第5章 数理哲人からの12問　解答・解説

問題 ℸ-9（数字の順列の個数）

整数 $1,2,\ldots,9$ の順列で，どの数の後にも（直後である必要はない）その数と 1 だけ違う数がくるような順列の総数を求めよ．例えば，123456789 はこの条件をみたすが，124536789 はこの条件をみたさない．

答案例

n を 2 以上の整数とする．整数 $1,2,\ldots,n$ の順列で，どの数の後にも（直後である必要はない）その数と 1 だけ違う数がくるような順列の総数を a_n とする（本問で求めたいのは a_9 である）．

$n \geq 3$ のとき，順列の先頭の数字が必ず 1 か n になることを背理法により示す．先頭の数字が k $(2 \leq k \leq n-1)$ であるとする．2 つのグループ

$$\{1,2,\cdots,k-1\} \ \text{と} \ \{k+1,\cdots,n-1,n\}$$

の一方に，順列の最後の数字 l が含まれている．ここでは仮に，$l \in \{1,2,\cdots,k-1\}$ であるとしよう．そこで，l を含まないグループ $\{k+1,\cdots,n-1,n\}$ のうちで，順列のなかで最後に現れる数を m とすると，m の後には $\{k+1,\cdots,n-1,n\}$ に属する数が現れない．すなわち，m の後には m と隣り合う $m-1, m+1$ がいずれも現れないことになる．
$l \in \{k+1,\cdots,n-1,n\}$ と仮定しても同様である．
よって，順列の先頭の数字は 1 か n でなければならない．

先頭の数字が 1 のとき，$1, \Box, \Box, \Box, \cdots, \Box, \Box$　← 2 から n までの順列
整数 $2,3,\cdots,n$ の順列で題意をみたすものは a_{n-1} 通りある．
先頭の数字が n のときも，$n, \Box, \Box, \Box, \cdots, \Box, \Box$　← 1 から $n-1$ までの順列
整数 $1,2,\cdots,n-1$ の順列で題意をみたすものは a_{n-1} 通りある．

したがって，$a_n = 2a_{n-1}$ $(n \geq 3)$　　$\therefore a_n = 2^{n-1}$ $(n \geq 2)$

求める答えは，$a_9 = 2^8 = 256$　……［答］

第5章 数理哲人からの12問　解答・解説

問題 Ⅰ-10 （素数と剰余）

p を 7 以上の素数とする．p^4 を 240 で割った余りとして現れる数をすべて求めよ．

答案例

$p = 7$ のとき；$7^4 = 2401 = 240 \times 10 + 1$

$p = 11$ のとき；$11^4 = 14641 = 240 \times 61 + 1$

$p = 13$ のとき；$13^4 = 28561 = 240 \times 119 + 1$

以上のように，$p = 7, 11, 13$ のとき，p^4 を 240 で割った余りは 1 である．これらの数値実験から「p^4 を 240 で割った余りは 1」という仮説を立て，これを証明する．このためには，

$$p^4 - 1 = (p^2 - 1)(p^2 + 1) = (p-1)(p+1)(p^2+1)$$

が $240 = 2^4 \cdot 3 \cdot 5$ で割り切れることを示せばよい．

$(p-1)(p+1)(p^2+1)$ が 2^4, 3, 5 で割り切れることをそれぞれ示す．

2^4 で割り切れること：

　　p は 7 以上の素数だから奇数である．

　　よって，$p-1, p+1, p^2+1$ はすべて偶数である．

　　$p-1$ と $p+1$ は隣り合う偶数だから一方は 4 で割り切れる．

　　したがって，$(p-1)(p+1)(p^2+1)$ は $4 \cdot 2 \cdot 2 = 2^4$ で割り切れる．

3 で割り切れること：

　　p は 7 以上の素数だから 3 の倍数ではない．

　　よって，自然数 k を用いて，$p = 3k+1, 3k+2$ と表される．

　　$p = 3k+1$ のとき；$p-1 = 3k$ が 3 の倍数．

　　$p = 3k+2$ のとき；$p+1 = 3(k+1)$ が 3 の倍数．

いずれにせよ, $(p-1)(p+1)(p^2+1)$ が 3 の倍数.

5 で割り切れること:

p は 7 以上の素数だから 5 の倍数ではないので,

自然数 k を用いて $p=5k+1, 5k+2, 5k+3, 5k+4$ と表される.

$p=5k+1$ のとき; $p-1=5k$ が 5 の倍数.

$p=5k+2$ のとき; $p^2+1=(5k+2)^2+1=5(5k^2+4k+1)$ が 5 の倍数.

$p=5k+3$ のとき; $p^2+1=(5k+3)^2+1=5(5k^2+6k+2)$ が 5 の倍数.

$p=5k+4$ のとき; $p+1=5(k+1)$ が 5 の倍数.

いずれにせよ, $(p-1)(p+1)(p^2+1)$ が 5 の倍数.

以上により, p^4 を 240 で割ったあまりが

  1 ……[答]

になることが示された.

「すべて求めよ」という問いの意味

本問のように, ある条件 C をみたすものを「すべて求めよ」という問いかけがしばしば見られます. しばしば, 答えが 1 個しかないことが分かっていながら「すべて求めよ」と問いかける出題もあります. このとき, 1 個の正解を言えばそれでよい, というものではありません. 条件 C をみたすものを《発見する》だけでなく, 《それ以外のものは条件 C をみたさない》ことを述べて初めて, 問いに正しく答えたことになるのです. C をみたすに十分であるものを求めておしまいではなく, C をみたすための必要性の論証を要求しているのです. だから「証明問題だ」と受け止めて, 問いに対応しましょう.

第5章 数理哲人からの12問 解答・解説

問題 Ⅰ-11 （正20面体）

図は1辺の長さが1であるような正20面体である．4つの平面 ABG, BCG, ABC, ACG で囲まれた部分の体積を求めよ．

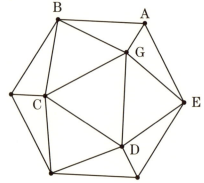

答案例

1辺の長さが1であるような正五角形の対角線の長さは $\dfrac{1+\sqrt{5}}{2}$ （黄金比）であることに注意する．［本書107ページを参照］正20面体の隣り合う2面のなす角を θ とする．BGの中点をMとすると $\theta = \angle \text{AMC}$ である．

△ACM において余弦定理より

$$\cos\theta = \dfrac{\left(\dfrac{\sqrt{3}}{2}\right)^2 + \left(\dfrac{\sqrt{3}}{2}\right)^2 - \left(\dfrac{1+\sqrt{5}}{2}\right)^2}{2 \cdot \dfrac{\sqrt{3}}{2} \cdot \dfrac{\sqrt{3}}{2}} = -\dfrac{\sqrt{5}}{3}$$

よって $\sin\theta = \sqrt{1 - \left(-\dfrac{\sqrt{5}}{3}\right)^2} = \dfrac{2}{3}$ であり，

△ACM の面積は，$\dfrac{1}{2} \cdot \dfrac{\sqrt{3}}{2} \cdot \dfrac{\sqrt{3}}{2} \cdot \dfrac{2}{3} = \dfrac{1}{4}$

求める体積は $\dfrac{1}{3} \cdot (\triangle \text{ACM}) \cdot \text{BG} = \dfrac{1}{3} \cdot \dfrac{1}{4} \cdot 1 = \dfrac{1}{12}$　……［答］

第5章 数理哲人からの12問　解答・解説

問題 5-12 (母関数)

n を 5 以上の自然数とする．
$(1+x+x^2+x^3+x^4+x^5)^n$ を展開したときの x^5 の係数を求めよ．

答案例1

1 から n までの番号が書かれた n 種類のカード群から，繰り返しを許して 5 枚のカードを取り出す．その取り出し方の数は，

$$_n H_5 = {}_{n+5-1}C_5 = {}_{n+4}C_5 = \frac{1}{24}n(n+1)(n+2)(n+3) \text{ 通り}$$

だけある．ここで，

$$f_1(x) = f_2(x) = \cdots\cdots = f_n(x) = 1 + x + x^2 + x^3 + x^4 + x^5$$

とおき，

$$(1+x+x^2+x^3+x^5)^n = f_1(x)f_2(x)\cdots\cdots f_n(x)$$

を展開することを考える．取り出した 5 枚のカードの番号をみて，「番号 k のカードが a_k 枚あった場合に $f_k(x)$ の中から x^{a_k} をとり出す」ことにすれば，「n 種類のカード群から重複を許して 5 枚を取り出す重複組合せ」との間に 1 対 1 の対応ができる．

よって，求める係数は $_n H_5$ すなわち，

$$\frac{1}{120}n(n+1)(n+2)(n+3)(n+4) \quad \cdots\cdots \text{［答］}$$

である．

答案例2

$(1+x+x^2+x^3+x^4+x^5)^n$ を展開するとき，x^5 の項の取り出し方として次の 7 種類がある．

(i) $x^5, 1, 1, 1, \cdots, 1$ (合わせて n 個)の組合せ；${}_nC_1 = n$ (通り)

第5章 数理哲人からの12問　解答・解説

(ⅱ)　$x^4, x, 1, 1, \cdots, 1$ (合わせて n 個)の組合せ；${}_n\mathrm{P}_2 = n(n-1)$ (通り)

(ⅲ)　$x^3, x^2, 1, 1, \cdots, 1$ (合わせて n 個)の組合せ；${}_n\mathrm{P}_2 = n(n-1)$ (通り)

(ⅳ)　$x^3, x, x, 1, \cdots, 1$ (合わせて n 個)の組合せ；

$$n \cdot {}_{n-1}\mathrm{C}_2 = n \cdot \frac{1}{2}(n-1)(n-2) \text{ (通り)}$$

(ⅴ)　$x^2, x^2, x, 1, \cdots, 1$ (合わせて n 個)の組合せ；

$$n \cdot {}_{n-1}\mathrm{C}_2 = n \cdot \frac{1}{2}(n-1)(n-2)$$

(ⅵ)　$x^2, x, x, x, 1, \cdots, 1$ (合わせて n 個)の組合せ；

$$n \cdot {}_{n-1}\mathrm{C}_3 = n \cdot \frac{1}{6}(n-1)(n-2)(n-3)$$

(ⅶ)　$x, x, x, x, x, 1, \cdots, 1$ (合わせて n 個)の組合せ；

$${}_n\mathrm{C}_5 = \frac{1}{120} n(n-1)(n-2)(n-3)(n-4)$$

以上 (ⅰ)〜(ⅶ) の場合の数を加えて，x^5 の係数は

$$n + 2 \cdot n(n-1) + 2 \cdot \frac{1}{2} n(n-1)(n-2)$$
$$+ \frac{1}{6} n(n-1)(n-2)(n-3) + \frac{1}{120} n(n-1)(n-2)(n-3)(n-4)$$
$$= \frac{n}{120} \big\{ 120 + 240(n-1) + 120(n-1)(n-2)$$
$$+ 20(n-1)(n-2)(n-3) + (n-1)(n-2)(n-3)(n-4) \big\}$$
$$= \frac{n}{120} \big\{ 120 + 120n(n-1) + (n-1)(n-2)(n-3)(n+16) \big\}$$
$$= \frac{n}{120} \big\{ n^4 + 10n^3 + 35n^2 + 50n + 24 \big\}$$
$$= \frac{1}{120} n(n+1)(n+2)(n+3)(n+4) \quad \cdots\cdots \text{［答］}$$

第5章 数理哲人からの12問　解答・解説

答案例3

$$(1+x+x^2+x^3+x^4+x^5)(1+x+x^2+x^3+x^4+x^5)\cdots$$
$$\cdots(1+x+x^2+x^3+x^4+x^5)$$

の展開をするとき，左から k 番目の $(1+x+x^2+x^3+x^4+x^5)$ の中から x^{a_k} $(0 \leq a_k \leq 5)$ を選んでかけ合わせることによって x^5 の項を作る．

$$x^{a_1} \times x^{a_2} \times x^{a_3} \times \cdots \times x^{a_n} = x^5 \quad (各々 \ 0 \leq a_k \leq 5)$$

となる $(a_1, a_2, \cdots, a_n)$ の組の個数を数えればよい．すなわち，

$$a_1 + a_2 + \cdots + a_n = 5$$

をみたす非負整数の組 $(a_1, a_2, \cdots, a_n)$ の個数を考える．ここで，

$$a_k + 1 = b_k \qquad (1 \leq k \leq n)$$

とおくと，

$$b_1 + b_2 + \cdots + b_n = 5 + n \quad \cdots\cdots ①$$

をみたす正の整数の組 $(b_1, b_2, \cdots, b_n)$ の個数を考えても同じである．

$5+n$ 個の白玉の列

○○○………○○○……○○

を考え，$n+4$ か所の「すき間」のうちの $n-1$ か所を選んでしきりを入れ，n 個のグループに分けてみる．

$$\underbrace{○○}_{b_1}|\underbrace{○}_{b_2}|\underbrace{○}_{b_3}|\underbrace{\ ○\ }_{b_4}|\cdots\cdots|\underbrace{○○}_{b_n}|$$

左から k 番目のグループに属する白玉の個数を b_k とすることによって ① の解 $(b_1, b_2, \cdots, b_n)$ が得られるので，その個数は

$$_{n+4}\mathrm{C}_{n-1} = {}_{n+4}\mathrm{C}_5 = \frac{1}{120}n(n+1)(n+2)(n+3)(n+4) \ \cdots\cdots \ [答]$$

これが x^5 の係数となる．

文献紹介

　本書に取り組んで「もっと高いレベルに挑戦してみたいな」と思ってくれた読者の方に向けて，文献の紹介です．

■数学オリンピック財団編集による公式ガイドブック
『数学オリンピック事典』（朝倉書店，2001）
『数学オリンピック2014〜2018』（日本評論社）
『ジュニア数学オリンピック2014〜2018』（日本評論社）

■分野別の学習書および翻訳書
『三角形と円の幾何学』安藤哲哉（海鳴社，2006）
『数論の精選104問』，『組合せ論の精選102問』，
『三角法の精選103問』（朝倉書店，2010）
『数学オリンピックチャンピオンの美しい解き方』
　　　テレンス・タオ（青土社，2010）
『獲得金メダル！国際数学オリンピック』
　　　小林一章監修（朝倉書店，2011）
『美しい不等式の世界』（朝倉書店，2013）
『平面幾何パーフェクトマスター』鈴木晋一（日本評論社，2015）
『初等整数パーフェクトマスター』鈴木晋一（日本評論社，2016）
『中学生からの数学オリンピック』安藤哲哉（数学書房，2016）
『代数・解析パーフェクトマスター』鈴木晋一（日本評論社，2017）

■本書著者による競技数学演習本
『競技数学アスリートをめざそう①代数編』，『②組合せ編』，
『③幾何編』，『④数論編』
　　　野村建斗・数理哲人（現代数学社，2018）

■本書著者による数学専門誌『現代数学』連載記事
『世界の競技数学・遊歴の旅』
　　　村上聡梧・数理哲人（2018年2月号〜連載中）

■本書著者による講義DVD
『競技数学への道 vol.1〜vol.24』数理哲人（知恵の館文庫，2013〜）

ビデオ講義との連動について

　本書は，ビデオ講義と連動しています．本書に収録された第1章から第4章までの100問について，解説講義を次のサイトに掲載しています．

動画学習サイト《学びエイド》

　　　https://www.manabi-aid.jp/

トップ画面から
＞数学＞数理哲人＞受講する＞講座一覧
＞数理哲人の闘う数学【特別講座】
「数学オリンピック予選・試練の100番勝負」
へと進んでください．1日3問までは，無料で視聴できます．また，プレミアム会員に登録されますと視聴コマ数の制限が解除されます．

　本書およびビデオ講義を併用される場合には，次のような学習方法が想定されます．
(1) まず，問題一覧ページを開けて，自力で問題に取り組む．
　　基本的に時間無制限で闘ってみる．
(2) 自力で「倒した！」問題は，本書で答え合わせ．
　　解説に納得がいけば，ビデオを見る必要なし．
(3) 自力で倒せない場合，該当する問題のビデオ講義にアクセスする．講義を聴きながら「あっ！見えた！」と思ったら再生をやめ，続きを自力で取り組む．どうにもならないときは，本書とビデオ講義を併用して学ぶ．

　JMO（日本数学オリンピック）の予選大会は，IMO（国際数学オリンピック）の日本代表を選抜するプロセスの第一歩にあたります．その過去問からの100問と私からの12問に取り組んでいただきましたが，感触はいかがでしたか．予選大会は毎年《12問／3時間》で実施されます．予選突破ラインとなる《Aランク》評価について最近5年分を観察してみると，7問（2018年，228名），6問（2017年，181名），5問（2016年，194名），7問（2015年，175名），6問（2014年，219名），となっています．予選大会を突破して本選に進むには，およその相場として，出題される12問の半分強の問題を倒しておく必要があることがわかります．

　予選大会は《短答式》すなわち，結果の数値だけを答える形式なので，ある程度の《ヤマ勘》を働かせることができます．たとえば本書に収録している【問題 A-13】，【問題 C-18】，【問題 G-12】，【問題 N-10】などは，ちょっとした数値実験により正解を出すことができるでしょう．これらの問題について，本書では1ページほどの解説をしていますが，これを読んで「もっと簡単に答えが出るのに……」と考える人がいるのではないかと思います．

　繰り返しになりますが，予選大会は結論だけを問いかける形式なので「もっと簡単に」答えを出していただいても構わないのですが，次の段階である本選は《記述式》なので，それでは通用しなくなります．予選の問題は，ある程度パズル的なものが多いため，答えを「見つけたっ」という倒し方が通用します（発見的解法とも言います）．でも，問題をよく読んでみて下さい．単に「……を求めよ」という問いかけだけではなくて，

　　　「最大(最小)値を求めよ」　（A分野に7問，N分野に10問）
　　　「すべて求めよ」　（A分野に5問，N分野に6問）

という問いかけが多いことに気づきます．

たとえば「f の最大値を求めよ」という問題で，答えが「おそらく15だろう」という予想が立っているとしましょう．予選の場合，解答欄に「15」と書いておけば，結果が合っていれば「アタリ！」です．しかし，記述式の場合には，次のような論証の手順を踏む必要があります．

［f が実数値をとる関数の場合］

　　$f \leq 15$ を示し，かつ $f = 15$ となる場合があることを述べる．

［f が整数値だけをとる場合］

　　$f \geq 16$ が不可能であることを示し，かつ $f = 15$ となる場合があることを述べる．

また「……であるような a をすべて求めよ」といった問いかけの場合も，予選であれば発見的解法で結論を合わせるといった方法で構いません．しかし，記述式の場合には，発見したものがすべてであること（他には存在しないこと）の証明も書かなければなりません．

つまり，「最大値を求めよ」とか「すべて求めよ」という問いは，単に結果を要求しているように見えても，実は《証明まで要求している》と捉えるべき問題なのです．予選を突破したとき，次のステップとなる本選では，このようなレベルでの答案作成が必要となります．

数学の学び，数学の旅は，ある段階の目標を突破したところで終わるものではありません．読者各位が，本書を解き倒して，めでたく予選を突破された暁には，単に結果を求めるのではない，《論理による説得》の旅に進んでいかれることを期待して，本書のあとがきに代えることとします．

平成30年11月
覆面の貴講師
数理哲人

| カバーデザイン，イラスト | ●サワダサワコ（オフィスsawa） |
| 本文デザイン，DTP，イラスト | ●有限会社プリパス |

数学オリンピックの表彰台に立て！
～予選100問＋オリジナル12問で突破～

2018年12月19日　初版　第1刷　発行

著　者　数理哲人
発行者　片岡巌
発行所　株式会社技術評論社
　　　　東京都新宿区市谷左内町 21-13
　　　　電話 03-3513-6150 販売促進部
　　　　　　 03-3267-2270 書籍編集部

印刷／製本　株式会社 加藤文明社

定価はカバーに表示してあります．

本の一部または全部を著作権の定める範囲を超え，無断で複写，複製，転載，テープ化，あるいはファイルに落とすことを禁じます．

Ⓒ 2018 数理哲人

造本には細心の注意を払っておりますが，万一，乱丁（ページの乱れ）や落丁（ページの抜け）がございましたら，小社販売促進部までお送りください．送料小社負担にてお取り替えいたします．

ISBN 978-4-297-10285-2 C3041
Printed in Japan

●本書に関する最新情報は，技術評論社ホームページ（https://gihyo.jp）をご覧ください．

●本書へのご意見，ご感想は，技術評論社ホームページ（https://gihyo.jp）または以下の宛先へ書面にてお受けしております．電話でのお問い合わせにはお答えいたしかねますので，あらかじめご了承ください．

〒162-0846
東京都新宿区市谷左内町21-13
株式会社技術評論社　書籍編集部
『数学オリンピックの
　表彰台に立て！』係
FAX：03-3267-2271